Jürgen Heup
Bär, Luchs und Wolf

Jürgen Heup

Bär, Luchs und Wolf

Die stille Rückkehr der wilden Tiere

KOSMOS

Zu diesem Buch

„JJ1, Bruno, Beppo ..." der Braunbär, der im Sommer 2006 in die bayerischen Alpen einwanderte, hatte viele Namen. Auf seiner Odyssee durch deutsche Bergwälder erwarb er sich eine weitere Bezeichnung – die des „Problembären". Und das war sein Todesurteil. Im Umgang mit „Problem-Tieren" haben wir jahrhundertelange Erfahrung: Vom Wolf bis zur Wildkatze, vom Fischotter bis zur Kegelrobbe, vom Wisent bis zum Kormoran – passte ein Tier nicht in unser gesellschaftliches und ökonomisch ausgerichtetes Werteschema, haben wir es beseitigt. Auf einer Verbreitungskarte der Tierarten in Europa schrumpfte der deutsche Anteil bis zum 21. Jahrhundert auf die Größe von Liechtenstein. Für Arten, die heute auf der Roten Liste stehen, droht Deutschland schon morgen ganz von der Landkarte zu verschwinden. Die entstandene Ödnis sollte uns zum Nachdenken darüber bringen, ob nicht tatsächlich *wir* das Problem sind.

Trotz des leider fehlenden Happy Ends verdeutlichte die Wanderung Brunos, dass es andere Perspektiven für die Zukunft gibt. „Wilde" Tiere, durch Jagd und Landwirtschaft, durch Flächenversiegelung und Umweltvergiftung, durch Vorurteile und Egoismus vertrieben, versuchen zu uns zurückzukehren. Manche mehr, andere weniger im Blickfeld der Öffentlichkeit. Diese Rückkehrer zeigen, dass Wildtiere entgegen landläufiger Meinung in unserer besiedelten Kulturlandschaft leben können, ja, selbst in städtischen Ballungsräumen – wenn man ihnen hilft oder sie zumindest lässt.

Eine jede der in diesem Buch aufgeführten Tierarten wurde in der Vergangenheit als „Problem-Tier" abgestempelt. Unsere Lösung kannte nur eine Richtung: Konsequent haben wir „den bösen Wolf" und seine Artgenossen aus unserem Umfeld entfernt.

Doch die in diesem Buch aufgeführten Beispiele zeigen auch, dass die Tür noch einen Spalt weit aufsteht für die einstigen Mitbewohner. Die stille Rückkehr der wilden Tiere nach Deutschland hat längst begonnen. Mit mehr Gelassenheit, Toleranz und Achtung sollte es möglich sein, die Tür für unsere Mitgeschöpfe etwas weiter zu öffnen und künftig auch jene Mitbewohner in „unserem" Lebensraum zu dulden, die wir – aus einem einseitigen Blickwinkel heraus – als „Problem-Tiere" einstufen.

Jürgen Heup
Hamburg 2006

Inhalt

Vorwort

Viele der Wildtiere, deren Geschichte in diesem Buch erzählt wird, kannte ich, als ich begann, mich für den Naturschutz zu engagieren, nur von der Roten Liste. Also jener Fachveröffentlichung des Naturschutzes, in der die gefährdeten Tier- und Pflanzenarten aufgelistet sind. Wolf, Bär und Luchs sowie Wisent und Elch standen immer ganz oben auf der Liste. Dort, wo die Ausgestorbenen – oder besser Ausgerotteten – aufgeführt waren. Der Fischotter stand am Rande der Ausrottung und fand sich deshalb in der Kategorie „vom Aussterben bedroht" wieder. Gleiches galt für viele Greifvögel. Vom Biber hatte ich gehört, dass es Wiederansiedlungs-versuche im Nürnberger Reichswald und am Unterlauf des Inn geben sollte. In der Aktion zur Wiedereinbürgerung des Uhus versuchte eine Schar engagierter Eulenfreunde die vollständige Ausrottung unserer größten heimischen Eulenart zu verhindern. In schleswig-holsteinischen Wäldern campierten Freiwillige in olivgrünen Wohnwagen an geheim gehaltenen Standorten, um die letzten deutschen Seeadler vor Nesträubern zu schützen. Spätestens seit Rachel Carsons Buch vom stummen Frühling war jedoch uns allen klar, dass die Wiedereinbürgerungsversuche oder Horstbewachungen alleine nicht ausreichen würden, den Exodus der Wildtiere zu stoppen. Ohne Zweifel war die Zerstörung der Lebensräume ein großes Problem, doch eine noch tödlichere und heimtückischere Gefährdung stellte die schleichende Vergiftung der Tiere und ihrer Lebensräume mit Pflanzenschutzmitteln wie DDT oder chlorierten Kohlenwasserstoffen dar.

Die Chancen, eine Kehrtwende herbeiführen zu können, schienen angesichts der internationalen Dimension der Umweltprobleme gering, aber es sollte nichts unversucht bleiben. Schnell wurde klar, dass ein mehrgleisiges Vorgehen notwendig sein würde. Dazu bedurfte es sowohl der jungen Zivildienstleistenden als Horstbewacher, den Wissenschaftlern und ihrer Forschung, der Verbandsvorsitzenden und ihrer Lobbyarbeit als auch den jungen Politikern, die bereit waren, den mühsamen Weg durch die Instanzen zu gehen.

Wenn heute wieder Wölfe in Deutschland heimisch sind, wenn das Überleben des Seeadlers gesichert erscheint, dann sind das die Erfolge dieser jahrzehntelangen, engagierten Naturschutzarbeit. Erfolge, hinter denen viele tausend Menschen stehen. Menschen, die es sich in den Kopf gesetzt hatten, auch ihren Enkeln noch freilebende Wanderfalken und Fischotter zeigen zu wollen. Diesen Menschen gebührt unser Dank, denn sie haben dafür gesorgt, dass unsere Umwelt nicht ärmer geworden ist. Diese Menschen sollten uns auch Vorbild sein, wenn es darum geht, sich den vor uns liegenden Herausforderungen, die aus der globalen Erwärmung und dem Klimawandel erwachsen, zu stellen. Wie damals, als wir uns aufmachten Weißstorch, Kranich und Kormoran zu retten, werden wir auch dafür wieder die Unterstützung vieler Menschen benötigen.

Die Geschichten des Erfolges zeigen uns aber auch, dass wir unser Bild von der Natur überdenken müssen. Niemand hätte vor dreißig Jahren auch nur einen Cent darauf gewettet, dass eines Tages wieder wilde Wölfe in friedlicher Koexistenz mit Panzern auf einem deutschen Truppenübungsplatz leben würden. Wölfe konnten wir uns bestenfalls in den Weiten der russischen Taiga oder in den entlegenen Regionen Kanadas vorstellen. Auch Wanderfalkenhorste auf Kraftwerkskühltürmen schienen unvorstellbar. Beispiele, die uns heute lehren, die Natur als etwas dynamisches, sich veränderndes und zur Anpassung fähiges zu begreifen. Vorausgesetzt, wir geben ihr die nötige Zeit und den nötigen Raum dazu und lassen Natur auch einfach einmal Natur sein.

Dieses Buch erzählt daher nicht nur Erfolgsgeschichten. Es berichtet auch von Veränderungen im Naturverständnis und vom Dazulernen. Zu guter Letzt versteht es sich daher auch als Mutmacher, denn einige der einst vom Aussterben bedrohten Tierarten kommen inzwischen wieder zahlreicher vor. Diese Beispiele zeigen, dass auch das scheinbar Unmögliche machbar ist, wenn sich Menschen zusammentun und gemeinsam für die gute Sache, für den Erhalt von Natur und Umwelt streiten.

Berlin, im Januar 2007

Olaf Tschimpke (NABU-Präsident)

Braunbären – Unsichtbare Waldbewohner

Durch Bärenland zu wandern, das ist schon eine besondere Erfahrung. Je dichter der Wald wird, umso größer wird auch die Anspannung. Schon das Knacken eines Zweiges oder ein aufschreckender Vogel beschleunigen den Puls. Die Sinne sind geschärft, die Augen versuchen das Zwielicht zu durchdringen. Der Blick wandert von Baum zu Baum, taxiert Felsen und Gebüsche. Plötzlich erscheint einem alles im Wald verdächtig. Was ist das da vorne?! Es sieht aus wie ein Bär, ist aber nur ein verwitterter Wurzelstock. Ein Gefühl der Erleichterung und gleichzeitig Enttäuschung überfällt einen. Aber so ist das eben bei einer Wanderung durch Bärenland – ein völlig neues Naturerlebnis.

Ein seltenes Vergnügen, einem Bären in freier Wildbahn zu begegnen. Die Tiere trollen sich, wenn sie einen Menschen nur wittern.

„Selbst in so bärenreichen Regionen wie im Triglav Nationalpark in Slowenien ist die Chance gering einen Bären zu sehen", sagt Petra Kaczensky. Die Wildbiologin der Forstlichen Fakultät in Freiburg hat jahrelang an Projekten zur Erforschung von Bären in Nordamerika und Europa gearbeitet: „Wie viele Braunbären mir schon über den Weg gelaufen sind? Insgesamt vielleicht fünf, und das, obwohl wir ja immer gezielt nach ihnen gesucht haben", sagt Petra Kaczensky. „Nein, um die Tiere für unsere Forschungsprojekte beobachten zu können, mussten wir sie vorher in Fallen fangen und dann mit Sen-

dern versehen, was allein schon ein echtes Geduldspiel ist. Aber selbst die so markierten Tiere sind schwierig vors Fernglas zu bekommen, da sie sich verdrücken, sobald wir mit unseren Peilgeräten auftauchen."

Ein prominenter Bär

Petra Kaczensky gehörte auch zu jenem Experten-Team, das das Bayrische Umweltministerium zusammengestellt hatte, als im Mai 2006 der erste Braunbär seit über 170 Jahren nach Bayern einwanderte. JJ1 war sein Name. Das Kürzel stand für den erstgeborenen Sohn der Elterntiere Joze und Jurka, zwei Bären aus Slowenien, die im norditalienischen Trentino ausgewildert worden waren. Doch berühmt wurde JJ1 unter anderem Namen. Eine ganze Nation nahm regen Anteil an der Wanderung und dem letztlich traurigen Schicksal von „Bruno". Wochenlang verdrängte Bruno Filmstars und Familienmitglieder der Königshäuser aus den Schlagzeilen und spielte auf den Titelseiten der Nachrichtenmagazine und Zeitungen auf Augenhöhe mit der Fußballweltmeisterschaft. So mancher Moderator einer Nachrichtensendung in TV und Rundfunk kommentierte lächelnd, dass Bruno seinen Häschern mal wieder ein Schnäppchen geschlagen hatte. Denn Bruno alias JJ1 verhielt sich völlig anders als die wilden Kollegen, mit denen es Petra Kaczensky normalerweise zu tun hat. Statt zurückgezogen und scheu durch die Wälder zu streifen, drang er in Siedlungen ein und tötete zum Missfallen der Tierhalter in sechs Wochen drei Dutzend Schafe, zig Hühner und Brieftauben sowie Meerschweinchen „Trixi".

Mutter Bär war ein schlechtes Vorbild

Das deutsche Expertenteam erkundigte sich bei den Italienern über Brunos Vorgeschichte. Brunos Vater Joze, ein 200-Kilo-Bär, galt zwar als hochanständiger Meister Petz. Aber Mama Jurka, obwohl nur halb so schwer, hatte es faustdick hinter den Ohren und war im Trentino bereits mehrfach aktenkundig geworden. Sie war ebenfalls gerne durch Dörfer gestreunt, hatte Hühnerställe geplündert und Hunde verprügelt. Einem Südtiroler Schafhirten hatte sie gleich zwei Mal den Stall ausgeräumt und den herbeieilenden Hirten derart gereizt angefaucht, dass dieser flugs das Feld räumte. Und hinter ihrem Rücken, mit großen Augen immer dabei, die beiden Söhne JJ1 und JJ2. Petra Kaczensky: „Da war uns klar, woher Bruno dieses problematische Verhalten hatte."

Brunos Verhalten wurde kritisch

Was die Experten bei Bruno aber mehr beunruhigte als seine nächtlichen Plünderungsaktionen: Er zeigte sich ziemlich ungeniert über

Wer sagt denn, dass Braunbären nicht klettern können? Aber so behende und geschickte Kletterer wie ihre Verwandten, die Schwarzbären, sind Braunbären nicht.

50 Personen. Er ließ sogar zu, dass sich ihm Wanderer und Almbesitzer näherten. Für die meisten Augenzeugen war die Begegnung mit einem „wilden" Bären direkt vor der eigenen Haustür ein nachhaltiges Erlebnis, das sie schlicht begeisterte. Für die Wissenschaftler war es ein Indiz, dass Bruno seine Scheu vor Menschen abgelegt hatte. Und genau aus diesem Grund gab er den Behörden Anlass zu größter Besorgnis. Was würde sein, wenn der erste Spaziergänger Bruno von der weniger liebenswerten Seite seiner Art kennen lernen würde? In der Tat machte er im Juni – kurz vor seinem Abschuss am Spitzingsee – erstmals deutliche Drohgebärden gegenüber Wanderern. „Der Bär war einfach kritisch", sagt Petra Kaczensky. „Das sahen nicht nur Bärenskeptiker so, sondern selbst Wohlwollende, die Bruno gerne laufen gelassen hätten."

Zu schlau für die Jäger

Die Gefahr eines Angriffs auf Menschen sei zu groß und daher der Entschluss richtig gewesen, ihn aus der Wildbahn „zu entnehmen", meint die 40-jährige Wissenschaftlerin. „Nur hat es halt leider nicht mit dem Einfangen geklappt." Bruno tappte weder in die eigens aus den USA beschaffte Bärenfalle, noch ließ er sich von Profis aus Finnland fangen. Den finnischen Bärenfängern mit ihren Bärenhunden – nach Meinung des Expertenteams die Weltbesten ihres Fachs – machte vor allem das steile Gelände zu schaffen. Zudem mussten sie, um ein Betäubungsgewehr einsetzen zu können, sehr nahe an den Bären heran. Und doch hätten sie es am 11. Juni beinahe geschafft. Der Inhaber des in Tirol liegenden Jagdreviers, in dem sie Bruno aufgespürt hatten, verbot ihnen aber das Betreten und verhalf Bruno so zu einem entscheidenden Vorsprung. Die Spur war damit wieder kalt und nach 14 Tagen reisten die Bärenfänger entnervt ab.

Bayerns Umweltminister gab Bruno zum Abschuss frei. Dem Bayerischen Jagdverband (BJV) war wohl klar, welche Welle der Entrüstung der Tod Brunos auslösen würde und gab an seine Mitglieder die Parole aus: „Nicht auf den Bären schießen!" Schließlich gehören Bären in Bayern nicht zum jagdbaren Wild, dürfen also nicht so einfach erlegt werden. Als aus dem Rotwandgebiet die Meldung kam, dass dort ein Schaf gerissen worden sei, zogen drei eigens vom Ministerium beauftragte Schützen wie ein Geheimkommando hinauf zur Kümpfalm und erlegten Bruno mit einem Schuss aus 150 Metern. Die drei Schützen des Sicherheitsteams taten gut daran, unerkannt zu bleiben. Denn es folgte genau der Irrsinn, den der Bayerische Jagdverband prophezeit hatte: Morddrohungen, Hasstiraden und Flüche landeten tausendfach allein bei der Hauptgeschäftsstelle des BJV.

Großer Bär, ganz klein

Kaum war der Bär erlegt, „schrumpfte" der mächtige Grizzly, wie ihn so manche Schlagzeile apostrophiert hatte, auf ein knapp eineinhalb Meter langes, mit einer Schulterhöhe von 90 cm nur etwa bernhardinergroßes Tier auf dem Seziertisch der Wissenschaftler. Auch sein Gewicht von 110 Kilogramm entsprach nicht ganz den Vorstellungen von einem Großraubtier, wird „Bruno" doch von manchem Vertreter der Gattung Mensch übertroffen. Dabei war er für einen männlichen, zweijährigen, noch nicht ausgewachsenen *Ursus arctos*, wie der Braunbär wissenschaftlich bezeichnet wird, ein recht stattliches Exemplar.

Eisbären und Braunbären sind zwar die größten an Land lebenden Raubtiere, aber Braunbären wie Bruno sind von Natur aus beileibe keine Schafe reißenden Ungeheuer. Anders als etwa katzenartige

Raubtiere, sind Bären keine reinen Fleischfresser. Das verdeutlicht ihr Gebiss. Sie haben zwar die typischen mächtigen Eckzähne der Karnivoren (Fleischfresser), ihre Backenzähne sind aber wie Mahlzähne geformt, ein Beleg für den hohen Anteil an Pflanzen-Kost. Ihr Nahrungsspektrum wechselt mit den Jahreszeiten. Jeder Bär hat seine Vorlieben und Lieblingsgerichte, doch findet sich im Jahresverlauf bis zu 80 Prozent pflanzliche Kost auf dem Speiseplan. Das sind vor allem Beeren, Wurzeln, Knollen, Pilze, Knospen und Früchte von Bäumen und Sträuchern. Auch Kräuter und frische Triebe munden Bären, sodass es gar kein so ungewöhnliches Bild ist, wenn sie wie Kühe grasend über Almwiesen ziehen. Daneben benötigen sie aber tierisches Eiweiß. Diesen Bedarf decken sie vor allem durch Larven, Insekten, Schnecken sowie durch kleinere Wirbeltiere. Und sie fressen gerne Aas, stöbern Fallwild auf oder luchsen anderen Raubtieren deren Beute ab.

Anders als bei typischen Jägern ist ihr Augensinn weniger ausgeprägt. Bären sind kurzsichtig. Es sind vielmehr Nase und Gehör, die sie leiten. Diese Sinnesmerkmale, und ihr breites Nahrungsspektrum, ähneln dem von Wildschweinen. Der Unterschied ist nur, dass sie eben ab und zu auch ein Wildschwein erlegen, und selbst einen Hirsch, wenn sich eine günstige Gelegenheit ergibt. Können Braunbären Beutetiere überraschen, starten sie eine zwar kurze, aber fulminante Attacke. Dabei sind sie enorm schnell. Mit über 50 km/h toppen sie die 100-Meter-Zeiten der weltbesten Sprinter locker, und das in unwegsamem Gelände. Selbst für einen halben Kilometer benötigt ein Bär kaum 40 Sekunden. Auf längere Distanz geht ihnen dann aber recht schnell die Puste aus und sie müssen auf Zotteltrab herunterschalten.

Bären-Leben

Bären sind notorische Einzelgänger. Zur Paarungszeit im Frühsommer – die Weibchen sind alle zwei bis drei Jahre empfängnisbereit – suchen Männchen die Reviere der Weibchen auf. Das wesentlich größere Jagdrevier der Männchen überlappt sich in der Regel mit denen mehrerer Weibchen. Begegnen sich rivalisierende Artgenossen, reichen meist Drohgebärden aus. Kommt es zum Kampf, werden ihre sprichwörtlichen Bärenkräfte deutlich. Mit Prankenhieben und mit Bissen in den Kopf oder Nacken gehen sie aufeinander los. Selbst Bärinnen greifen vehement wesentlich größere Männchen an, um ihre Jungen zu schützen. Dies birgt Konfliktpotential im „Zusammenleben" mit Menschen. Begegnungen mit Bärinnen, die ihren Nachwuchs in Gefahr wähnen, können gefährlich werden. Während der Paarungszeit weicht ein Männchen seinem auserwählten Weibchen bis zu drei Wochen lang nicht von der Seite, um zu ver-

Wenn eine Bärin Junge hat, verteidigt sie sie entschlossen gegen jede vermeintliche Gefahr.

hindern, dass sich sein Weibchen erneut mit einem anderen Männchen paart. Danach wandern die männlichen Bären weiter.

Etwa Ende Oktober ziehen sich Bären in ihre Überwinterungshöhle zurück. Der Zeitpunkt kann schwanken. Das hängt mit dem Klima und der Konstitution der Bären zusammen. Bei Bären im südlichen Europa fällt der Winterschlaf kürzer aus als bei ihren Artgenossen in den nördlichen, kälteren Verbreitungszonen. Und Bären mit geringeren Fettreserven sind selbst bei geschlossener Schneedecke noch auf Nahrungssuche. Der Überwinterungsplatz kann eine Felshöhle sein. Häufig graben sich Bären aber eine Erdhöhle. Diese legen sie in unwegsamem Gelände an, in Steilhängen, Schluchten oder auf Sturmflächen voller umgestürzter Bäume. Dabei legen die Bärinnen Wert auf Komfort. Im Gegensatz zu den Männchen polstern sie ihre Baue mit Pflanzen aus. Liegen die Bären in ihren Höhlen, verringern sich bald Herzschlag und Atemfrequenz. Auch der Stoffwechsel reduziert sich um 30 Prozent. Ihre Körpertemperatur sinkt allerdings nur von 37 Grad Celsius auf etwa 34 bis 28 Grad. Sie fallen also nicht in einen echten Winterschlaf wie etwa Igel oder Murmeltiere, deren Körpertemperatur bis auf neun Grad Celsius sinkt. Ein Bär im Winterschlaf verharrt nur in einem energiesparenden Ruhezustand. Einen Bären in seiner Winterhöhle zu stören, ist indessen wenig ratsam. Bei Gefahr können sie ihren Kreislauf schnell auf Touren bringen und sehr aktiv werden.

Ab Dezember/Januar gebären trächtige Bärinnen ihre Jungen in der Winterhöhle. Ein Wurf kann ein bis vier Junge umfassen, in der Regel sind es zwei. Die nur rattengroßen Neugeborenen sind nackt und ihre Augen zunächst geschlossen. Doch sie wachsen enorm schnell. Dank der fettreichen Muttermilch wiegen sie nach drei Monaten bereits mehr als das Dreißigfache. Ab März (bis Mai) verlassen Bären ihr Winterquartier. Die Jungen sind dann voll entwickelt und folgen der Mutter auf Schritt und Tritt. Sie werden noch etwa 1½ Jahre lang gesäugt und bleiben bei ihrer Mutter. Nach fünf Monaten können sie aber bereits feste Nahrung zu sich nehmen.

Gevatter Isegrim als natürlicher Feind

Im Alpenraum sind Wölfe die einzigen Raubtiere, die für junge Bären gefährlich sind, auch dann, wenn Augen, Nase, Gehör und Bärenkräfte der Mutter über sie wachen. Bären hegen aus diesem Grund eine tiefe Feindschaft zu Wölfen, Begegnungen dieser beiden Tierarten verlaufen aggressiv. Entsprechend wird Spaziergängern abgeraten, in Bärengebieten ihre Haushunde frei laufen zu lassen.

Spielerisches Krafttraining auf dem Weg vom kleinen Teddy zum ausgewachsenen Meister Petz.

Sie könnten einen Bären aufstöbern und ihn provozieren, um sich dann rasch zu Herrchen zu flüchten – mit fatalen Folgen.

Eine Gefahr für junge Bären können auch Steinadler werden. Im Trentino wurde bei Untersuchungen zu den Verlusten von Jungbären ein Fall bekannt, in dem ein Adler wohl die Unachtsamkeit

der Mutter genutzt und einen kleinen Teddy im Vorbeiflug geschnappt hatte. Beutegreifer wie der Luchs werden höchstens mutterlose Jungbären schlagen können. Dagegen sind erwachsene Bärenmännchen eine echte Gefahr für Jungtiere, Kannibalismus ist bei Bären keine Seltenheit. Die hohe Sterblichkeit bei den Bärenjungen ist aber meist auf ein geringes Nahrungsangebot, lang andauernde Kälteperioden und vor allem auf nasse Witterung zurückzuführen. Mit vier bis fünf Jahren werden Braunbären geschlechtsreif, mit zehn Jahren sind sie voll ausgewachsen. In Gefangenschaft sind Bären schon älter als 40 Jahre geworden, in freier Wildbahn werden sie 20 bis 30 Jahre alt.

Mensch und Bär

Seine Größe und Stärke hat den Menschen von jeher beeindruckt: Man stelle sich nur vor, wie es wohl ist, einen Bären nur mit einem Speer bewaffnet anzugreifen. Wie viele Jäger sind dabei wohl ums Leben gekommen? Entsprechend waren Mut und Ruhm eines Bärentöters groß. Die Bärenjagd hatte aber vor allem praktische Gründe: Neben Fell und Fleisch – über die Genießbarkeit von Bärenfleisch gibt es allerdings sehr unterschiedliche Meinungen, zumindest Bärentatzen galten aber als Delikatesse – wurde mit der Jagd auf Bären vor allem ein unliebsamer Konkurrent ausgeschaltet. Bären hatten schnell gelernt, dass die Haustiere oder das vom Menschen erlegte Wild leichte Beute waren. Das schürte mehr den Hass auf die „Bestie", weniger die Angst vor ihrer „Bösartigkeit". Im Gegenteil: Manche

Verdrängung des Bären durch den Menschen

Vor 5000 Jahren begann der Mensch in Europa bereits seine natürliche Umgebung zu verändern. Ausgedehnte Wälder wichen bald mosaikartigen Wald- und Offenlandschaften. Damit setzte auch die Verdrängung des Bären ein. Im 17. Jahrhundert fand die Rodung bei uns ihren Höhepunkt, und damit auch die Ausrottung und Verfolgung vieler Wildtiere. Zugleich hatte die Verbreitung von Feuerwaffen die Jagd auf Großraubtiere wesentlich vereinfacht.
Rückzugsgebiet waren nur noch die schwer zugänglichen Bergwälder in den höheren Mittelgebirgen und den Alpen.

Doch Ende des 18. Jahrhundert sollte auch dort mit dem „Raubzeug" Schluss sein, die Ausrottung von Bär, Wolf und Luchs wurde als Ziel propagiert. 1835 erlegten Jäger bei Ruhpolding den letzten Braunbären in Deutschland, 1842 folgte Österreich. Mit dem Abschuss des letzten einheimischen Braunbären bei Mariazell blieb Österreich aber nicht dauerhaft bärenfrei. Einzelne Zuwanderer wurden konsequent immer wieder abgeschossen, der letzte schließlich 1913 in Tirol, der vermutlich aus dem Trentino einwanderte. Die Schweizer erlegten 1904 bei Graubünden ihren letzten Braunbären.

sahen ihn ritterlich und glaubten, dass er Schwächere wie Pilze-, Beeren- und Brennholzsammler verschone, ja selbst Jäger am Leben lasse, die sich in einer Demutsgeste vor ihm auf den Boden werfen. Eine interessante Überlieferung, die durch neuere Beobachtungen bei Konfrontationen mit Bären bestätigt wird. Einige Experten raten, sich bei einer Bärenattacke mit über den Kopf verschränkten Armen auf den Boden zu legen. Weglaufen sei sowieso zwecklos. Heute wird wohl niemand mehr mit einem Speer auf Bärenjagd gehen. Und da ein „wilder" Bär der Begegnung mit Menschen ausweicht, dürfte ein Zusammentreffen selten, aber nicht ausgeschlossen sein. Doch selbst wenn, endet dieses fast immer glimpflich. In den letzten hundert Jahren gab es in Italien, Spanien und Österreich keinen einzigen Todesfall. In Skandinavien wurden im 20. Jahrhundert zwei Bärenangriffe mit tödlichem Ausgang registriert. In beiden Fällen waren es Jäger, die von verwundeten Tieren überrascht wurden. In Rumänien gab es im gleichen Zeitraum 24 tödliche Bärenattacken. Der jagdbesessene Diktator Nicolae Ceaucescu hatte allerdings die Bärenpopulation auf einer Fläche kaum größer als Bayern unnatürlich hoch auf über 8000 Tiere heranzüchten lassen. Obendrein wurde die wichtigste Regel im Umgang mit Bären verletzt: wilde Bären nie zu füttern! Dadurch verloren die Tiere jede Scheu vor Menschen und gefährliche Begegnungen wurden regelrecht provoziert.

Die Rückkehr der Bären

Nicht nur Brunos Beispiel verdeutlicht, dass eine Rückkehr der Bären auch in Deutschland ins Kalkül gezogen werden muss. Bereits 1972 wanderte erstmals wieder ein männlicher Braunbär nach Österreich ein. Vermutlich stammte er aus Slowenien. Er ging damals als „Ötscher-Bär" durch die Presse. Damit begann in unserem Nachbarland die Diskussion über eine Wiederansiedlung. Erst 1989 war es so weit. Die in Kroatien gefangene Bärin „Mira" wurde im Ötscher-Gebiet freigelassen – der „Ötscher-Bär" erhielt endlich, nach 20 Jahren, eine Partnerin. Im Juni 1991 wurde „Mira" bereits mit drei Jungen beobachtet. In der Folgezeit ließ man noch zwei weitere Bären frei: 1992 das Weibchen „Cilka" aus Slowenien und 1993 das Männchen „Djuro". 1993 hatten beide Weibchen Nachwuchs: „Mira" hatte drei und „Cilka" zwei Junge. Zusätzlich wanderten einzelne Tiere von Slowenien nach Kärnten ein. 2006 lebten in Österreich wieder 20 bis 25 Braunbären.

   Im italienischen Naturpark Adamello Brenta nördlich des Gardasees hatten die letzten reinen Alpen-Braunbären überlebt. Es ist eine schroffe, schwer zugängliche Gegend. Eine Zählung von Bären stellte sich sehr schwierig dar. 1998 fand man nur noch vier Bären, seit 1989 hatte es zudem keinen Nachwuchs mehr gegeben. Um den Bestand aufzufrischen, wurde für zwei Millionen Euro das „Life Ursus Projekt" gestartet. Innerhalb von 30 Jahren sollen in den Zentralalpen wieder ein paar Hundert Braunbären heimisch werden. Zwischen 1999 und 2002 wurden neun Bären freigelassen, die aus Slowenien stammten. Auch hier kam es wie in Österreich in den Folgejahren zu reichlich Nachwuchs. Im Jahre 2004 wurden dort die wanderfreudigen Brüder JJ1 und JJ2 geboren, die nach Deutschland beziehungsweise bis in die Schweiz wanderten. Im Trentino sollen heute wieder 15 Tiere leben.

Mit der Auswilderung von Braunbären in dichter besiedelten Gebieten fanden allerdings auch drei neue Wortschöpfungen Verbreitung: Schadbär, Problembär und Risikobär. Dahinter verbirgt sich der Versuch von Wissenschaftlern, Handlungsempfehlungen

Experten glauben, dass auch in einigen Gegenden Deutschlands bald wieder Braunbären umherstreifen.

für den Umgang mit Braunbären zu geben, die sich schwierig verhalten und in Konflikt mit Menschen geraten. Die Österreicher hatten 1994 ihr erstes Problem mit einem auffälligen Bären. Wegen seiner ausdauernden Wanderfreudigkeit tauften sie ihn Nurmi, in Anlehnung an den gleichnamigen finnischen Langstreckenläufer Paavo Nurmi. Der Bär zeigte sich wie Bruno von der Nähe des Menschen unbeeindruckt, besuchte mehrere Bauernhöfe und drang in Schafställe ein, wo er einige Schafe riss. Er lernte sogar Fischteiche abzulassen, um an die Forellen zu gelangen. Sofern ein Bär wie Nurmi regelmäßig Haustiere reißt, Bienenstöcke oder Obstgärten plündert, aber keinerlei Kontakt mit Menschen hatte, gilt er in der Terminologie des Bärenmanagements als „Schadbär". Verliert er aber die Scheu vor dem Menschen und kommt es zu Situationen, in denen sich Gefahren für Menschen ergeben, klassifizieren ihn die Bärenschützer als „Problembären". Legt er die Scheu vor dem Menschen trotz Vergrämungsversuchen nicht ab oder greift er sogar Menschen an, dann wird er zum „Risikobären". Nurmis und Brunos verdeutlichen, dass das Los von „Problembären" offenbar eine Kugel aus der Waffe des Jägers ist.

Doch ist dies unweigerlich die Konsequenz? Ist unsere Industrienation wirklich zu dicht besiedelt, um ein Nebeneinander von Mensch und Bär zuzulassen?

„Nein, auch bei uns können Bären leben", meint Petra Kaczensky: „Das Karwendel- und auch das Ammergebirge sowie das Obere Isartal – eigentlich im weitesten Teil das deutsch-österreichische Grenzgebiet – sind zum Beispiel ideale Bärenhabitate, gar die besten in den gesamten Alpen." Auch der Bayrische Wald samt Böhmer Wald ist aus Sicht der Experten heute noch ein geeigneter Lebensraum für Bär – und Mensch. Diese Regionen seien nicht zu dicht besiedelt, so die Wildbiologin. Zudem gebe es dort genügend schwer zugängliche Steilhänge und die Landschaft sei noch ziemlich ursprünglich. Dort könnten Bären umherstreifen, ohne dass sie ein Mensch zu Gesicht bekomme. „Vorausgesetzt natürlich, es sind nicht so verhaltensauffällige Tiere, wie JJ1 es war." Das größte Hindernis für die Bären sei fehlende Akzeptanz. In den Bärengebieten werde das durch illegale Abschüsse deutlich. An zweiter Stelle sei der Straßenverkehr ein Problem. „Doch ich glaube, dass diese Probleme gelöst werden und auch bei uns wie im Nachbarland Österreich bald Bären zur Normalität gehören werden."

Nach dem Krisenjahr 1994 und den Erfahrungen mit dem ersten Problembären Nurmi erarbeitete der für die Wiederansiedlung von Bären in Österreich zuständige WWF einen Managementplan aus, der fortan den Umgang mit auffälligen Bären regeln sollte. Außerdem wurden Bärenanwälte eingesetzt, die seitdem als Mittler und als Experten vor Ort agieren: Macht der Bär Ärger, sind sie zur Stelle und schätzen auch die Höhe entstandener Schäden. Der WWF registrierte seitdem vor allem die Lust der Bären auf Rapsöl, das Waldarbeiter als Schmieröl in Kettensägen und in Forstmaschinen nutzen. Um an das begehrte Pflanzenöl zu gelangen, haben Bären schon ganze Hydrauliksysteme von Maschinen in Einzelteile zerlegt. Die Rechnungen für den Staat hielten sich mit rund 7000 Euro jährlich bis jetzt in Grenzen, während die Italiener mit über 20 000 Euro Entschädigung jährlich schon tiefer für ihre Bären in die Tasche greifen mussten.

Ein Ziel ist, auffällige Bären zu erziehen. Doch wie erklärt man einem Braunbären, dass er menschliche Siedlungen auch dann zu meiden hat, wenn der Magen knurrt und die Beute praktisch auf

Norbert Gerstl vom World Wildlife Fund (WWF) Österreich:

„Ob der Braunbär in den Alpen leben kann, ist keine Frage des Lebensraums, sondern eine Frage der Akzeptanz."

dem Silbertablett serviert wird? Die Erziehung beginnt damit, dass sie gefangen und mit Sendern markiert werden. Sobald sich diese Tiere nach dem Freilassen menschlichen Siedlungen nähern, soll ihnen mit dem Einsatz von Gummigeschossen wieder die Scheu vor Menschen eingebläut werden.

Seit 2006 hat auch Bayern in Manfred Wölfl einen ersten staatlich angestellten Bärenbeauftragten, der nun den Managementplan aus Österreich in Bayern umsetzt. Manfred Wölfl: „Wir werden allerdings erst im Herbst 2007 so weit sein. Dann kann der nächste Bär kommen."

Steckbrief Europäischer Braunbär *(Ursus arctos)*

Körpermaße	Weibchen (Bärin): Körperlänge 160–180 cm; Schulterhöhe 80–100 cm; Gewicht 80–180 kg. Männchen (Bär): Körperlänge 180–220 cm; Schulterhöhe 100–140 cm; Gewicht 120–250 (370) kg.
Merkmale	Großes Tier, Fellfarbe hell- bis dunkelbraun, relativ kleine Augen und runde Ohren. Der Schwanz ist kurz und im Fell verborgen. Jungtiere haben einen weißen Kehlfleck.
Sinne	Kurzsichtig, dafür gutes Gehör und ausgezeichneter Geruchssinn.
Nahrung	Allesfresser, etwa 70 Prozent pflanzliche Kost: Beeren, Wurzeln, Knollen, Obst, saftige Pflanzenschösslinge, Honig. Tierisches Eiweiß nimmt er vor allem über Larven, Insekten, Schnecken, Krebse und kleine Wirbeltiere wie Mäuse bis zu großen Huftieren (selten) auf. Aas und Abfall.
Feinde	Keine. Jungbären können Wölfen und sogar dem Adler zum Opfer fallen. Bären-Männchen sind ebenfalls eine Gefahr für Jungtiere.
Alter	20–30 Jahre, meist hohe Sterblichkeit innerhalb der ersten 2 Lebensjahre, Höchstalter in Gefangenschaft bis 47 Jahre.
Lebensraum	Ehemals über die gesamte Nordhalbkugel verbreitet, heute vorwiegend in Laub- und Nadelwäldern der Gebirge. Reviergröße 30 bis 200 km². Weltweit gibt es ca. 150 000 Braunbären.

Die Heimkehr des Grauwolfs

Die Wölfin humpelt. Als sie stehen bleibt und sich umblickt, als habe sie ihre heimlichen Beobachter gewittert, ist deutlich zu sehen, dass sie an Stelle ihres linken Auges nur noch eine vernarbte Höhle hat. Die Folgen eines Kampfes, vielleicht mit einem Keiler? Sie hält nur kurz inne und trabt dann zielstrebig weiter durch die tiefen Spurrinnen, die von Panzerketten in den Sand des Truppenübungsplatzes Muskauer Heide gegraben wurden. Ein ödes, steppenartiges Gelände, in dem nur spärlich Gräser und Sträucher gedeihen. Eine flache, weitläufige Landschaft, an deren Horizont die mächtigen, qualmenden Betontürme des Braunkohlekraftwerks Boxberg wie überdimensionale Mörser in den Himmel ragen. Ein Naturidyll stellt man sich anders vor. Aber hier in Nordsachsen, nahe der polnischen Grenze, schreibt die Natur eine Geschichte, wie sie Hollywood nicht schöner hätte inszenieren können. Denn die Wölfin mit den vernarbten Verletzungen ist keine Kreatur mit besiegeltem Schicksal. Im Gegenteil: Wie eine alte Kämpferin meistert sie ihr Leben und scheint trotz ihrer Beeinträchtigungen vor Gesundheit zu strotzen. Wie zum Beweis hat sie in den letzten Jahren regelmäßig Nachwuchs großgezogen, hat 2005 fünf Welpen und 2006 gar sieben kleine Wölfe zur Welt gebracht. Sie ist die erfolgreiche Klanchefin des „Muskauer Rudels", des Stammrudels der neuen kleinen Wolfspopulation in Deutschland.

Kann der Wolf auch bei uns wieder gelassener in die Zukunft blicken? Die Zeiten der Hetzjagden sind jedenfalls vorbei.

Ein Schemen in der Nacht

Es begann 1995 mit Gerüchten. Zwischen Rietschen, Daubitz und Weißkeißel kursierten Geschichten über einen großen Hund, der durch die Heide streife. Einige munkelten hinter vorgehaltener Hand von einem Wolf. Doch außer einem Schemen in der Nacht hatte keiner etwas Genaues gesehen.

Förster Rolf Röder, Leiter des Bundesforstamtes Muskauer Heide, war dem Schemen ebenfalls begegnet. Doch er sah klarer und fand neben deutlichen Pfotenabdrücken im Sand auch immer wieder untrügliche Risse von Hirschen und Rehen. Röder und seine Kollegen bewahrten aber Stillschweigen und gaben an die Jäger der Nachbarreviere die Devise aus, dass auf keinen Fall vermeintlich wildernde Hunde geschossen werden dürften. Im September 1998 begegnete Röder dann erstmals einem Paar. „Ein stürmischer Tag", erinnert sich der Förster. Gegen den Wind sei er mit dem Geländewagen etwa zwei Stunden vor Sonnenuntergang unterwegs gewesen, als plötzlich die beiden Tiere auf dem Sandweg standen. „Der Anblick dauerte nur Sekunden – dann gaben sie Fersengeld." Im Jahr 2000 war dann das Geheul auf dem Truppenübungsplatz nicht mehr zu überhören und die Förster machten es amtlich: Vier Wolfswelpen trippelten an der Seite zweier Altwölfe durch die Sanddünen der Muskauer Heide. „Erster Wolfsnachwuchs in Deutschland seit 150 Jahren" titelte bald darauf die Presse.

Tatsächlich war die wirklich wolfsfreie Zeit wesentlich kürzer gewesen. Und 1900 hatte westlich der Muskauer Heide bei Hoyerswer-

Wolfsgeheul: Für die Bevölkerung rund um die Muskauer Heide mittlerweile wieder alltägliche Töne.

da ein Wolf mehrere Jahre für gehörige Aufregung gesorgt, der „Tiger von Sabrodt". Damals stießen Jäger in den Wäldern auf Risse von Rehen und anderem Wild, worauf sie sich zunächst keinen Reim machen konnten. Wölfe waren seit über hundert Jahren aus der Region verschwunden. Die Bevölkerung war verängstigt durch Schauermärchen und fragte sich, was für eine Bestie dort wohl frei umherlaufe. Entsprechend wurde auf die Erlegung eine hohe Belohnung ausgesetzt. Doch der „Tiger" blieb verschollen bis zum 27.02.1904. „Nachdem er in letzter Zeit wiederholt gespürt worden war", schrieb die Lokalpresse, „gab es am Sonnabend sichere Anzeichen seiner Anwesenheit, worauf sofort eine große polizeiliche Jagd veranstaltet wurde." Nach längerer Treibjagd durch den frisch gefallenen Schnee habe man das Tier eingekreist. „Herr Förster Brehmer-Weißkollm traf auf etwa 30 Meter glücklich."

Die Armee an Jägern hatte einen 41 Kilogramm schweren Wolfsrüden gestellt, der bald darauf ausgestopft wurde und noch heute im Stadtmuseum in Hoyerswerda zu betrachten ist. Haustieren, geschweige denn Menschen, hatte er zwar kein Haar gekrümmt, die Stimmung war zu jener Zeit gegenüber Wölfen dennoch äußerst ablehnend. Der Artikel eines Autors spiegelt das deutlich wieder. Er äußert in einer Jagdzeitung sein Unverständnis darüber, „dass vier Jahre vergehen mussten, ehe man dem Satan endlich das Handwerk legte".

Satan oder Bruder Wolf?

Woher rührt eigentlich die tiefe Abneigung gegenüber dem Wolf? Schließlich stammt doch der beste Freund des Menschen, der Hund, auch vom Wolf ab. Wer in den Geschichtsbüchern weiter zurückblättert, der stößt auf einen überraschenden Gesinnungswandel. Bei den Germanen hatten Wölfe noch ein sehr hohes Ansehen. Sie galten als Tiere ihres Hauptgottes Odin und wurden wegen ihrer Stärke und Listigkeit verehrt. Viele germanische Rufnamen leiteten sich vom Wolf ab und finden sich noch heute in Namen wie Wolfgang, Rudolf oder Ralf wieder.

Um 800 n. Chr., zu Zeiten Karl des Großen schwanden die Sympathien für den wilden Vierbeiner. Erstmals liest man nun von organisierten Wolfsjagden. Der Kaiser verpflichtete zum Schutz des Volkes gar seine Ritter zur Hatz auf die Wölfe. Was war geschehen? Mensch und Wolf waren sich ins Gehege gekommen, als die wachsende und sich ausbreitende Bevölkerung begann, Rinder, Schafe, Schweine und Pferde in die Wälder zu treiben und sie dort zu mästen. Der Wolf wiederum hatte dieses Angebot nicht ausschlagen können. Leichte Beute für den einen, wirtschaftlicher Schaden für den anderen. Im Laufe der Zeit gesellte sich zu dieser direkten Nahrungskonkurrenz von Mensch und Wolf noch die Missgunst als Jagdkonkurrent hinzu. Den Hirsch, den der Wolf erbeutete, so der Adlige, schmälerte doch schließlich die eigene Jagdstrecke? Damit war die Feindschaft endgültig besiegelt.

Zum Erwerb seines Rufs als hinterhältiger Meuchler von Rotkäppchen und Co fehlte aber noch ein entscheidender Aspekt: Seine unbändige Angriffslust auf Menschen wurde in Erzählungen immer wieder diffus eingewoben. Vom Mittelalter bis zur Neuzeit gab es so immer wieder Berichte von „Wolfsplagen" mit dramaturgisch gleichem Ablauf: Eiskalte Winterjahre, abgelegene Gehöfte, und dann näherten sich heulende Wölfe aus allen Richtungen. Am Ende waren immer zahllose Menschen-Opfer zu beklagen. Was Zahlen und den Gruseleffekt anbetrifft, konnte allerdings ein Zeitungsartikel aus dem Jahre 1911 alles vorher Dagewesene toppen. Demnach hatten in Taschkent Wölfe eine ganze Hochzeitsgesellschaft mit etwa 130 Menschen verspeist. Gegen diese Räuberpistole verblasste Rotkäppchens Wolfsabenteuer.

Nicht, dass es in der Vergangenheit keine Angriffsfälle von Wölfen gegeben hätte. Aber im 20. Jahrhundert ist beispielsweise in Nordamerika und Europa nur ein einziger Fall eines tödlichen Wolfsangriffs auf Menschen auch belegt – und zwar 1974 auf zwei Kinder in Spanien – wobei aber nicht mit Sicherheit geklärt wurde, ob der Angreifer ein Wolf oder nicht doch ein verwilderter Hund war. Bei der historischen Betrachtung schleicht sich also der Verdacht ein, dass die Sache mit dem menschenmordenden Wolf eine ausgemachte Geschichte ist – eben ein Märchen – das unters Volk gestreut wurde und effektiv dafür sorgte, dass eine unliebsame Konkurrenz dauerhaft ausgeschaltet wurde.

Schnelle Läufer mit langem Atem

Dass ein Wolf die körperlichen Voraussetzungen hat, einem Menschen gefährlich zu werden, steht außer Frage. Wölfe sind etwas über schäferhundgroß und mit einem sehr kräftigen Gebiss ausgestattet, die Eckzähne werden bis zu sechs Zentimeter lang. So können sie selbst so große Beutetiere wie Hirsche mit einem Biss töten. Dazu haben Wölfe im Gegensatz zu Hunden noch das instinktive Wissen, wie sie ihre Beute effizient und schnell töten können. Wirken Wölfe im Winterfell recht kräftig, so erscheinen sie im dünnen Sommergewand dagegen geradezu schlank und hochbeinig, was ihre eigentliche Stärke unterstreicht: Ihre Ausdauer. Wölfe sind schnelle Läufer mit extrem langem Atem. Bei Bedarf können sie Beutetiere stundenlang hetzen und erreichen Spitzen um 60 km/h. Die meisten Wolfsjagden dauern aber nur recht kurz. Jagden über einen Kilometer sind auch bei Wölfen die Ausnahme.

Was ihre Beute anbetrifft, so sind Wölfe sehr anpassungsfähig: Untersuchungen von Rissfunden und Losungen in der Oberlausitz ergaben, dass entsprechend der Häufigkeit ihres Vorkommens in der Region Rehe den Hauptanteil der Beutetiere ausmachen, gefolgt von Wildschweinen und Hirschen. In Italien und Rumänien spielen bei den Wölfen, die in der Nähe von Siedlungen leben, Abfälle aus wilden Müllkippen eine bedeutende Rolle als Futterquelle, daher auch die etwas abfällige Bezeichnung Spaghetti-Wölfe. In Skandinavien stehen dagegen Elche ganz oben auf der Speisekarte. Prinzipiell fressen Wölfe aber alles von Mäusen über Enten, Rehe und Wildschweine, in Nordamerika erbeuten sie sogar Bisons. Im Winter findet die Paarung, die so genannte Ranz, bei den Wölfen statt und die Wolfsfähe bringt nach etwa zwei Monaten meist vier bis sechs Welpen zur Welt.

Lockerer Familienverband

„Mit Standard-Aussagen aus der Literatur muss man bei Wölfen aber vorsichtig sein", sagt Ilka Reinhardt. Die Biologin beschäftigt sich seit 2002 mit den Wölfen in der Oberlausitz. „Dass bei Wolfsrudeln eine streng hierarchische Rangordnung herrscht mit einem dominanten Alpha-Paar an der Spitze und einer Gruppe nachgeordneter Tiere mit dem Omega-Wolf als „Prügelknaben" am Ende der Rangordnung, das können Sie vergessen, das ist Quatsch", sagt die Biologin Ilka Reinhardt, „diese Struktur kommt in beengten Gehegen vor, wenn Menschen irgendwelche Wölfe zusammensperren und dies dann Rudel nennen. In freier Wildbahn ist ein Rudel nichts anderes als eine Familie. Die Jungwölfe wandern ab, wenn sie erwachsen werden und versuchen eigene Familien zu gründen, aber sie prügeln sich nicht mit den Eltern um die Paarungsposition." Ilka Reinhardt schüttelt den Kopf. „Nein, die Wolfsrudel hier in der Lausitz sind nichts anderes als ein Familienverband mit zwei Eltern und deren Jungen von diesem und dem Vorjahr." Daher erledige sich auch die Sorge derjenigen, die eine zu hohe Wolfsdichte fürchten, sagt Ilka Reinhardt. „Wolfrudel wachsen nicht ins Unermessliche. Mit zwei Jahren, wenn die Tiere geschlechtsreif werden, wandern sie ab und suchen sich ein eigenes Revier."

Rückkehr und Chance

Die Rückkehr der Wölfe nach Deutschland begann bereits in den 50er Jahren. In jedem Jahrzehnt wurden seither Wölfe bei uns erlegt, die aus Osten zuwanderten. Zunächst waren die Abschüsse noch legal, in der DDR unterlag der Wolf dem Jagdrecht. Mit der Wiedervereinigung wurde der Wolf in ganz Deutschland geschützt. Trotzdem

Wolfsmanagement

Zusammen mit ihrer Kollegin Gesa Kluth betreibt Ilka Reinhardt das Wildbiologische Büro Lupus in der Oberlausitz. Sie beobachten die Entwicklung und das Verhalten des hiesigen Wolfsbestands im Auftrag des sächsischen Umweltministeriums. Vor allem leisten sie aber Aufklärungsarbeit. Sie halten Vorträge vor Jägern und Förstern über den Beutegreifer, fahren zu den Nutztierhaltern, um zu zeigen, welche Abwehrstrategien effektiv greifen, und sie verteilen Info-Broschüren in der Bevölkerung. Dabei ist Offenheit ihre Devise: „Wölfe bringen Konflikte mit sich", sagt Ilka Reinhardt ohne Umschweife, „Es wird immer wieder zu Verlusten in Nutztierherden und Wildgehegen kommen, wenn diese nicht wolfssicher geschützt sind. Deshalb müssen wir Vorkehrungen treffen. Wölfe müssen merken, dass es weh tut, wenn sie versuchen, ein Schaf zu erbeuten." In vier Jahren hatten Wölfe in der Region 33 Schafe getötet. Allerdings seien diese Tiere nur unzureichend geschützt gewesen, sagt Ilka Reinhardt. Mit Elektrozäunen und so genannten Herdenschutzhunden ließen sich Schafe effektiv vor Wolfsangriffen bewahren.

Eine zweite Gruppe mit deutlichem Konfliktpotential seien Jäger. „Wir versuchen, Toleranz gegenüber Wölfen durch Informationen zu schaffen." So herrsche bei einigen Jägern die Angst, dass die Wildbestände durch Wölfe zu stark dezimiert würden. „Was die Nahrungsmenge anbetrifft: Ein erwachsener Wolf benötigt täglich drei bis vier Kilogramm Fleisch, das sind im Jahr um 1,3 Tonnen", rechnet Ilka Reinhardt vor. „Das hört sich viel an, verteilt sich aber auf ein riesiges Gebiet. Das Muskauer Heide-Rudel hat in den letzten Jahren zum Beispiel bei einer ungefähren Rudelgröße von acht Wölfen durchschnittlich 1,5 Rehe, Wildschweine oder Rothirsche, pro Jahr auf 100 Hektar erbeutet. Die Jagdstrecke der Jäger war rund viermal so hoch."

Die Bevölkerung brauche in Wolfgebieten keine besonderen Vorsichtsmaßnahmen zu treffen, so die Biologin. Der Wolf sei überwiegend nachts aktiv. Er gehe dem Menschen aus dem Weg, gefährliche Begegnungen befürchte sie nicht. Zudem seien die Einwohner der Region recht entspannt und zum Teil sogar stolz auf ihre Wölfe, sagt Ilka Reinhardt. Nur mit Hunden rät die Wolfsexpertin zu Vorsicht. Die Vierbeiner sollten bei Spaziergängen angeleint sein, da Wölfe auf frei laufende Hunde aggressiv reagierten.

erlegten Jäger weiterhin Wölfe, allein fünf illegale Abschüsse wurden öffentlich bekannt. Auch in Polen ist der Wolf mittlerweile geschützt, der Bestand zählt dort 600 Tiere. Die kleine westpolnische Wolfspopulation hat in den letzten Jahren zwar nicht zugenommen, da Wölfe aber 400 bis 1000 Kilometer weit ziehen, um sich ein geeignetes Revier zu suchen, können selbst aus Ostpolen wandernde Wölfe bis nach Deutschland vordringen und den Bestand von derzeit etwa 25 Tieren in der Oberlausitz verstärken.

Doch nicht nur aus Polen sind die grauen Jäger zu erwarten. Auch im Bayrischen Wald tummeln sich immer wieder einzelne Wölfe, die sich von Tschechien ausbreiten. Auch aus einer dritten Richtung werden sie zu uns vorstoßen. In den letzten Jahren hat sich die italienische Wolfspopulation rasant vermehrt. Über den Nordappenin sind die Wölfe bereits bis nach Frankreich und die Schweiz

sporadisches Vorkommen   *Wolf*   dauerhaftes Vorkommen

vorgedrungen. Es ist nur eine Frage der Zeit, bis sie über die Alpen und die Vogesen von Süden her nach Deutschland vordringen.

Eine Frage der Toleranz

Der Wolf hat überall dort überlebt, wo der Mensch ihn tolerierte. Er ist also nicht etwa verschwunden, weil Kulturlandschaft die Wildnis verdrängt hat und der Wolf keinen passenden Lebensraum mehr vorfand. Im Gegenteil: Wölfe sind sehr anpassungsfähig. In Spanien jagen ganze Rudel in reinen Ackerbaugebieten, ziehen ihre Jungen in Getreidefeldern groß. In Italien überleben sie gar am Rande der Großstadt Rom. Und in Deutschland seien die Voraussetzungen für die Rückkehr der Wölfe im Gegensatz zu manch anderen europäischen Ländern sogar sehr gut, meint Ilka Reinhardt. „Bei uns lässt man Nutztiere nicht mehr frei umherlaufen, die Elektrozaunhaltung ist weit verbreitet."

Scharfes Auge und Supernase: Seine Sinne machen den Wolf zum erfolgreichen Jäger.

Das Konfliktpotential mit Tierhaltern sei daher wesentlich geringer als etwa in der Schweiz, wo Schafe im Sommer frei über die Almen streifen. „Und die Wilddichte ist sehr hoch, Wölfe finden in unseren Wäldern reichlich Nahrung vor", sagt die Biologin. Sie ist guten Mutes, dass die Rückkehr des großen Beutegreifers weiterhin entspannt ablaufen wird.

Noch vor wenigen Jahren äußerten selbst Naturschützer, dass Wölfe selbstverständlich in besiedelten Gebieten nicht mehr frei leben könnten. Das war ein Trugschluss. Auch der markante Jäger bereichert mittlerweile wieder unsere Wildbahn. Und die Chancen für den Wolf stehen heute vielleicht besser als je zuvor im letzten halben Jahrtausend. Allmählich vollzieht sich ein Gesinnungswandel. Der Rotkäppchen-Effekt beherrscht nicht mehr die Köpfe der Menschen. Und die ökologische Jägerschaft hat durch Erfahrungen in neuen und alten Wolfsregionen längst erkannt, dass der Wolf das Wild nicht ausrottet, sondern dass der Wildbestand in einem Wolfsrevier gesünder ist als dort, wo keine Wölfe vorkommen. Der Grauwolf bringt so ein Stück vitale Wildnis zu uns zurück.

Steckbrief Europäischer Grauwolf *(Canis lupus lupus)*

Körpermaße
Weibchen (Wolfsfähe): Körperlänge 95–125 cm; Schulterhöhe 60–80 cm; Gewicht 30–40 kg. Männchen (Wolfsrüde): Körperlänge 100–140 cm; Schulterhöhe 70–90 cm; Gewicht 35–50 kg.

Merkmale
Etwas größer als ein Schäferhund, Fell grau in verschiedenen Schattierungen. Deutliche weiße Zeichnung im Schnauzenbereich. Von sehr langbeiniger Gestalt, Rute kräftig und, anders als bei Hunden, waagerecht oder herabhängend, niemals nach oben gebogen. Lebt in Rudeln, jagt aber auch häufig allein.

Sinne
Gutes Nachtsehen und gutes Gehör, kann andere Wölfe auf eine Distanz von über 9 km heulen hören. Ausgezeichneter Geruchssinn: über tausend Mal leistungsfähiger als der des Menschen, kann Beutetiere und Artgenossen auf eine Entfernung von bis zu 2 km wittern.

Nahrung
Fleischfresser, vor allem große, wild lebende Huftiere von Reh über Hirsch bis zum Elch, auch kleinere Säugetiere, Aas, mitunter Obst. Neigung zur Nahrungsspezialisierung auf die jeweils vor Ort am leichtesten erreichbare Beute, tägl. Mindestbedarf an Nahrung ca. 2 kg Fleisch, kann kurzzeitig bis zu 10 kg Fleisch auf einmal verschlingen, aber auch 2 Wochen hungern.

Feinde
Keine. Ausnahmsweise sind Jungwölfe durch Braunbären gefährdet und bei Nahrungsengpässen kommen vermehrt Kämpfe zwischen benachbarten Rudeln mit Todesfolge vor.

Alter
10–13 Jahre, meist hohe Sterblichkeit innerhalb der ersten 2 Lebensjahre, Höchstalter in Gefangenschaft bis 17 Jahre.

Lebensraum
Generalist, kommt in allen klimatischen Zonen vor, wichtig zum Überleben sind ausreichend Beutetiere und Rückzugsräume. Unter mitteleuropäischen Bedingungen 200–300 km² große Territorien, Rudelgröße meist 3 bis 11 Tiere. Einst das am weitesten verbreitete Säugetier der Welt, nördlich des 15. Breitengrades war die Art auf der ganzen Nordhalbkugel anzutreffen. Heute aus weiten Teilen seines ursprünglichen Verbreitungsgebietes verschwunden. Weltweit gibt es nach ungefähren Schätzungen weniger als 172 000 Wölfe. In Deutschland leben derzeit etwa 25 Wölfe.

Die Nacht des Luchses

Die Spuren sind eindeutig: Hier hat ein Luchs zugeschlagen. Als der 25-jährige Biologie-Student Manfred Wölfl den Rehkadaver sieht, hofft er, dass sich nun sein Traum erfüllt – einen Luchs in freier Wildbahn zu beobachten. Er will diese herrlichen Katzen schließlich nicht nur in den Fallen erleben. Dort verhalten sie sich äußerst erregt und sind Wölfls Meinung nach „ihrer Würde beraubt".

Wölfl ist ziemlich sicher, jenem Luchs auf der Spur zu sein, den er und seine Kollegen vom Luchsprojekt Schweiz vor Wochen gefangen und mit einem Sender markiert haben. Kurzentschlossen packt Wölfl Schlafsack und Peilgerät. Er sucht sich am Rande der Lichtung, 50 Meter vom Kadaver entfernt, einen Platz im Gebüsch. Es wird kalt. Es wird Nacht. Wölfl rollt sich in seinen Schlafsack. Plötzlich schlägt das Peilgerät an. Der Adrenalinspiegel steigt, die Kälte ist vergessen. Tatsächlich nähert sich der Luchs.

Doch was ist das? Anstatt sich zum Rehkadaver zu bewegen, wo Wölfl ihn hätte gut beobachten können, schleicht der Luchs durchs Dickicht. Das Peilgerät zeigt an, dass der Luchs die Lichtung umkreist und sich nun etwa in seinem Rücken befindet. Ab und zu hört Wölfl ein leises Rascheln. Plötzlich brüllt der Luchs drohend los, seine heisere Stimme schallt durch die Nacht.

„Er schrie mich an, als wollte er mir sagen, dass ich störe", berichtet Wölfl: „Ich lag wie ein Wurm in meinem Schlafsack und bekam

Individuelle Fleckzeichnung, manche Luchse sind reinbraun, andere sind kräftig gepunktet.

es mit der Angst zu tun. Schließlich konnte ich mich überwinden aufzustehen, packte alles zusammen und räumte das Feld zügig in Richtung Auto."

Über das, was sich Anfang der 90er Jahre im Schweizer Jura zutrug, kann Manfred Wölfl heute immer noch schmunzeln. Er zählt zu den renommiertesten Luchsexperten Deutschlands und leitete zehn Jahre lang das Luchsprojekt im Bayerischen Wald, das die Rückkehr der Großkatzen nach Deutschland unterstützt. Seit 2006, als Bär „Bruno" für Unruhe in Bayern sorgte, ist Wölfl Beauftragter des Landes-Umweltministeriums für das Management „Rückkehrender Großsäuger".

Über die Begegnung im Schweizer Jura sagt er rückblickend: „Es war mir eine Lehre. So naiv würde ich keine Luchsbeobachtung mehr angehen. Wenn ich heute Luchse beobachte, dann von einer gesicherten Warte aus." Sichere Plätze sucht er allerdings nicht aus Angst vor Angriffen aus. Seine Absicht ist vielmehr, den Luchsen die Angst vor ihm zu nehmen. Ob mit „jugendlichem Draufgängertum" oder vom sicheren Posten aus: Wirklich zu sehen bekommt Wölfl die scheuen Luchse nur selten. Daran ändert auch die Tatsache nichts, dass die Luchs-Population wieder wächst. Wölfl muss sich meist mit den Spuren und Signalen der mit Sendern markierten Tiere begnügen, die Auskunft über das heimliche Leben des Luchses geben.

Pinselohren und Stummelschwanz

Der eurasische Luchs (*Lynx Lynx*) ist die einzige europäische Großkatze und nach Bär und Wolf das drittgrößte heimische Raubtier. Auf den ersten Blick unterscheiden ihn zwei Merkmale von anderen Katzen: die Pinselohren und der kurze Stummelschwanz. Bei genauer Betrachtung kristallisieren sich weitere Besonderheiten heraus: Der etwa schäferhundgroße Luchs besitzt im Vergleich zu Löwen, Geparden oder auch zu Hauskatzen einen kurzen Körper. Dies und die langen Beine verursachen ein (von der Seite) nahezu quadratisches Aussehen.

Während der Paarungszeit (Ranz) zwischen Februar und April, sind die Paarungsrufe weithin hörbar. Die männlichen Katzen, die so genannten Kuder kämpfen in den Revieren der weiblichen Katzen um das Paarungsrecht. Der Sieger darf zum eher kratzigen Liebesleben über mehrere Tage bei der Katze bleiben. Während des Geschlechtsakts verbeißt sich der Kuder in die Katze, wird anschließend fauchend verjagt und zieht weiter.

In ihrem Versteck wirft die Katze nach gut zwei Monaten ein bis fünf Junge, die sie fünf Monate lang säugt. Die etwa 300 Gramm schweren Jungen sind schon behaart, ihre Augen öffnen sich aber erst nach zwei Wochen. Im Alter von einem Jahr müssen sie

Familie Luchs ganz wachsam. Die Mutter lässt ihre Jungen allein im Versteck zurück, wenn sie auf die Jagd geht.

das Revier der Mutter verlassen und sind mit knapp zwei Jahren geschlechtsreif. Ihre Lebenserwartung in freier Wildbahn liegt bei 15 Jahren, in Tierparks werden sie bis zu 25 Jahre alt.

Jagdstrategie

Der Luchs streift durch sein großes Revier, um an günstigen Plätzen auf Beute zu lauern. Hat er eine „Mahlzeit" im Visier, pirscht er sich bis auf wenige Meter an sie heran, um dann zuzuschlagen: Ein dynamischer Sprint, ein Sprung auf die Beute. Hat er ein größeres Beutetier vor sich, verbeißt er sich in die Kehle und erdrosselt seine Beute.

Seine längeren Hinterbeine begünstigen den explosionsartigen Start. Der Luchs muss auf der Jagd auf seine Schnelligkeit und den Überraschungseffekt vertrauen: Im Vergleich zu Hunden oder Wölfen würde er eine Hetzjagd nicht durchstehen. Schlägt der erste Versuch, Beute zu machen, fehl, verliert der Luchs sofort jedes Interesse an seinem Opfer. Stattdessen macht er sich an anderer Stelle auf die Suche nach unvorsichtigerem Wild.

Rehe sind seine Leibspeise

Ganz oben auf der Speisekarte des Luchses stehen Rehe – wo sie vorkommen – Gämse und Mufflons. Fixiert auf seine „Leibspeisen" ist der dynamische Jäger indessen nicht. Auch Kleinsäuger, Vögel, Füchse, Hasen und Katzen, selbst Rothirsche müssen vor ihm auf der Hut sein. Bei einer Analyse des Beutespektrums des Luchses im Bayerischen Wald fand man insgesamt 102 Tiere: 71 Rehe, 17 Rothirsche, 8 Hasen, 3 Wildschweine und 3 Füchse. Die Vorliebe für Rehe bestätigte auch eine Untersuchung der Exkremente. Ein erlegtes Reh füllt die „Vorratskammer" des Luchses, etwa eine Woche lang kann er sich davon ernähren. Neue Studien widerlegen die Theorie, dass es der Luchs besonders auf kranke und schwache Tiere abgesehen hat. Er nutzt stattdessen die Unaufmerksamkeit seiner Opfer, deren Gesundheitszustand ist für den Überraschungsjäger von geringer Bedeutung.

Erwachsene Wildschweine erscheinen dem Luchs wohl zu wehrhaft, darum hält er sich lieber an die Frischlinge. Auch Mufflons scheinen dem Luchs nichts entgegensetzen zu können. Diese ursprünglich aus Korsika und Sardinien stammenden Wildschafe wurden in Deutschland ausgewildert. Da es in ihrer Heimat keine großen Raubtiere gibt, werden sie oft zu einer leichten Beute für den Luchs. Eine wirksame Taktik, einen Luchsangriff schon im Keim zu ersticken, wenden dagegen Hirsche an: Wenn sie den Luchs entdeckt haben, gehen sie direkt auf ihn zu. Die Tiere zeigen dem Jäger so, dass er entdeckt ist und eine Jagd zwecklos ist.

Natürliche Feinde

Während erwachsene Luchse praktisch keine Feinde haben und anderen großen Raubtieren ausweichen können, sind Jungtiere gefährdet: Braunbär, Wolf und Vielfraß, in Asien auch der Leopard, haben es auf die kleinen Pinselohren abgesehen. Selbst ein Fuchs macht vor den Jungtieren nicht Halt, wenn er sie unbewacht aufspürt. Doch die hohe Sterblichkeit bei Jungluchsen beruht weniger auf der Zahl der Feinde: Viele verhungern, sterben an Krankheiten wie Katzenseuche oder Räude sowie bei Unfällen, sodass von fünf Luchsjungen im Schnitt nur eines das Erwachsenenalter erreicht.

Schlau wie ein Luchs

Die schwarze Fleckzeichnung im grau- bis rotbraunen Fell des Luchses mit der weißen Unterseite ist zwar typisch, kann aber auch komplett fehlen. Ein Rätsel ist den Wissenschaftlern noch heute, warum der Luchs als einzige Katze einen kurzen Stummelschwanz besitzt. War es eine Anpassung an kalte Klimazonen? Ist dieser bei der Sprint-Jagd von Vorteil?

Ebenso wenig gibt es absolute Klarheit über die Bedeutung der Pinselohren und des ausgeprägten Backenbarts. Den Bart nutzen die Katzen zur Kommunikation untereinander und drücken so ihre Stimmung aus. Wissenschaftler glauben aber auch, dass er wie eine Art Reflektor das Hörvermögen erhöht. Eine Verbesserung der Schallortung schreiben die Wissenschaftler außerdem den vier Zentimeter langen, schwarzen Haarpinseln auf den Ohrspitzen zu. Sprichwörtlich sind das gute Gehör und die scharfen Augen des Luchses. Er macht das Rascheln einer Maus in über 50 Metern Entfernung aus, einen Hasen hört er in 300 Metern Entfernung hoppeln, ein vorbeiziehendes Reh gar aus 500 Metern. Bei der Jagd in der Dämmerung kann sich der Luchs auf seine hellbraunen Augen verlassen: Sie sind sechsmal lichtempfindlicher als die Augen des Menschen. Seinen ebenfalls gut ausgeprägten Geruchssinn setzt der Luchs bei der Jagd hingegen nicht ein.

Kaum bekannt und doch gehasst

Markenzeichen Pinselohren: Dienen sie der besseren Schallortung oder handelt es sich um nach oben gerichtete Tasthaare?

Bär und Wolf spielen in unzähligen Märchen und Mythen tragende Rollen. In Fabeln wurden auch der gwiefte (Reineke) Fuchs und die Wildkatze (Gestiefelter Kater) schon früh erwähnt. Mit völliger Missachtung wurde der Luchs gestraft. Die wenigen alten Werke, die sich überhaupt mit diesem Raubtier der Wälder befassen, zeugen davon, dass der Mensch kaum etwas über ihn wusste: Mal ist vom „Hirsch-Wolf" die Rede, mal wird der Luchs wie ein Leopard mit langem Schweif dargestellt. Trotz des ausgesprochen dürftigen Wissens war man sich über die „Schädlichkeit" des Luchses einig: Er sei verschwenderisch, kehre nie ein zweites Mal zu seinem Riss zurück, müsse „immer nur frischen Fraß haben". Seiner heimlichen Lebensweise verdankt der Luchs seine Unbekanntheit, vor Verfolgung hat sie ihn aber nicht geschützt.

Ähnlich wie bei Wolf und Bär vollzog sich die Ausrottung des einst in ganz Europa verbreiteten Luchs in zwei Etappen: Zuerst wurde er durch Rodungen in unzugängliche Wälder zurückgedrängt. Als die Menschen ihre Schafe, Ziegen und Rinder auch in den hohen Mittelgebirgen, den Alpen und den letzten Urwäldern weideten und dem Luchs durch das Dezimieren der Reh- und Rotwildbestände seine natürliche Beute nahmen, machte der Jäger sich über die Nutztiere her. Das Schicksal der Raubkatze war besiegelt. Tellereisen, Gift und Gewehren hatte der Luchs nichts entgegenzusetzen. Offiziell wurde der letzte Luchs in Deutschland 1846 bei Zwiesel im Bayerischen Wald geschossen. Meldungen über Luchse aus Österreich und der Schweiz versiegten Ende des 19. Jahrhunderts. Nur im unzugänglichen Böhmerwald konnten sich Luchse bis Anfang des 20. Jahrhunderts halten.

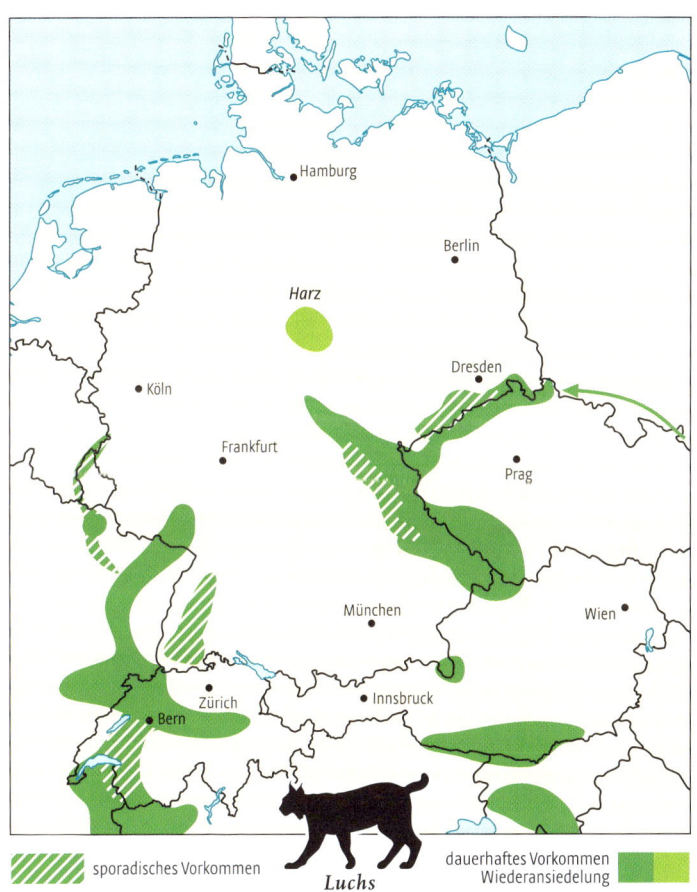

sporadisches Vorkommen

Luchs

dauerhaftes Vorkommen
Wiederansiedelung

Interview

Manfred Wölfl geht davon aus, dass die Rückkehr des Luchses möglich ist. Der 40-jährige Diplom-Biologe und ehemalige Leiter des Luchsprojekts im Bayerischen Wald wünscht sich allerdings, dass durch fundierte Aufklärungsarbeit die Vorbehalte einiger Interessengruppen gegenüber dem Luchs ausgeräumt werden können.

Kehrt der Luchs zurück?
Ja, der Luchs kehrt zurück, wenn wir ihn nur lassen. Er wird teilweise wieder angesiedelt, etwa im Harz. Er wandert auch von sich aus in einige Gebiete zurück, beispielsweise in den Pfälzer Wald. Nur wir entscheiden letztlich, ob er bei uns überleben darf. Der Luchs, genauso wie Bär und Wolf, werden immer noch in eine Wildnis-Ecke gesteckt. Dabei muss man sich einmal genauer anschauen, wo bei uns zum Beispiel wieder Wölfe heulen: in einer öden Tagebaulandschaft und auf Truppenübungsplätzen. In Spanien leben sie gar in einer ausgeräumten Agrarsteppe. Diese Tiere zeigen nicht an, dass der Lebensraum in Ordnung ist, sondern dass genügend Akzeptanz vorhanden ist. Sie brauchen nicht unbedingt unberührte Wildnis, sondern keine Kugeln.

Wo könnten Luchse bei uns leben?
Ich würde zwar nicht sagen, dass er flächendeckend in Deutschland geeignete Gebiete finden wird, aber doch sehr viel weiter verbreitet leben kann, als etwa nur in großen Waldgebieten wie dem Bayerischen oder Pfälzer Wald. Es gibt bei uns genügend Lebensraum. Leider herrscht immer noch die Vorstellung, dass der Luchs nur im Wald überleben kann. Das ist eine reduzierte Sichtweise. Der Luchs fühlt sich auch in der Kulturlandschaft wohl – überall dort, wo auch seine Hauptbeute, das Reh, vorkommt. So wissen wir, dass sich Luchse gerne in einem Maisfeld aufhalten. Es ist nur unsere Akzeptanz, die darüber entscheidet, wo die Tiere künftig leben werden.

Können Sie die Abneigung einiger Gruppen gegen den Luchs verstehen?
Das ist verständlich, denn der Luchs wurde sehr oft instrumentalisiert. Von Förstern, Naturschützern, Waldfreunden. Wenn der Luchs zurückkehrte, würde er mit dem Rehwild aufräumen. Wenn man das einem Privatjäger so vermittelt, kann man nicht viel Akzeptanz von diesem erwarten. Da wird auf dem Rücken des Luchses ein Streit zwischen Interessengruppen ausgefochten. Bei anderen heißt es, Luchse und Tourismus würden nicht zusammenpassen, wobei das gar nicht stimmt. Luchse können zehn Meter neben einem Wanderweg im Gebüsch sitzen und schlafen, während eine ganze Schar Erholungssuchender vorbeimarschiert, ohne von der Katze Notiz zu nehmen.

Kann der Luchs Menschen gefährlich werden?
Ich würde nicht nie sagen. Eine Katze mit Jungen in Bedrängnis weiß
sich zu verteidigen, aber sie wird nicht angreifen. Grundsätzlich halte
ich den Luchs für ungefährlich. Da sind selbst Rehe aggressiver. Rehbö-
cke attackieren in der Brunft immer wieder mal Menschen. Wildschweine gehen sogar recht häufig zum Angriff über. Ich persönlich
habe wesentlich mehr Respekt vor Wildschweinen als vor Luchsen.

Heimliche Rückkehr auf leisen Pfoten

Möglicherweise hat seine zurückgezogene Lebensweise dem Luchs
in grenznahen Gebieten das Überleben ermöglicht. In den 50er und
60er Jahren wurden im Bayerischen Wald und im Fichtelgebirge
einzelne Luchse beobachtet. Experten gingen davon aus, dass sie
entweder aus einer kleinen Restpopulation stammten oder aus der
Slowakei – wo eine große Population in den Karpaten überlebte –
zugewandert waren. Da der Luchs im Vergleich zum Bär oder Wolf
nicht wanderfreudig ist, glaubte man kaum an eine Wiederbesiedlung aus eigener Kraft. Auf heimliche Auswilderungen tippt Manfred Wölfl, wenn etwa im Schwarzwald, im Sauerland oder in der
Eifel – Regionen, die nicht an etablierte Luchspopulationen angren-
zen – wie aus heiterem Himmel Luchse auftauchen. Derartige Aktionen gab es etwa in den 70er Jahren im Bayerischen Wald oder möglicherweise in den 90er Jahren im Schwarzwald, wo nach einem
abgelehnten Wiederansiedlungsprojekt plötzlich Luchse gesichtet
wurden. Das heimliche Freilassen der Luchse ist nicht nur per Ge-
setz strafbar. Auch trägt es zum Misstrauen der Jäger und Landwirte
gegenüber den Artenschützern bei.

Konflikte mit dem Luchs

Unter Jägern und Bauern sind viele Luchsgegner zu finden: Die einen fürchten die Raubkatze als Konkurrenten bei der Jagd, die anderen sorgen sich um ihr Vieh.

Vor allem in Regionen, in denen Schafe frei und ungeschützt gehalten werden, kann der Luchs Schäden anrichten. In der Schweiz
fielen in 30 Jahren knapp 1000 Schafe Luchsen zum Opfer. Im Harz
gab es seit der Auswilderung wiederum keinen Riss von Nutztieren.
In Gehegen gehaltene Wildtiere, etwa Damhirsche, sind ebenfalls begehrte Beute. Auch wenn Elektrozäune einen effektiven Schutz bieten und in den meisten europäischen Staaten von Großraubtieren
getötete Nutztiere vom Staat ersetzt werden, sind Halter erzürnt.

Eine Zuspitzung dieses Konflikts zeigte sich 1999 in der Schweiz, wo das Bundesamt für Umwelt bei Untersuchungen auf 34 illegal geschossene Luchse stieß – und von einer noch weit höheren Dunkelziffer ausging.

Blanker Hass zeigte sich im Jahr 2000, als in der Schweiz ein Jäger einen Luchs erlegte und dessen Pfoten abgeschnitten und in Haushaltspapier gewickelt dem Naturschutzamt zukommen ließ. Da in Tschechien die Strafverfolgung illegaler Abschüsse nach zwei Jahren verjährt, spielte mancher Jäger den Wissenschaftlern Luchsschädel zu. Diese kamen zu dem Schluss, dass in den vergangenen zehn Jahren alleine im tschechischen Grenzgebiet über 50 Luchse geschossen wurden.

Manfred Wölfl sieht in den illegalen Abschüssen den wohl größten limitierenden Faktor für Luchse. Nach guten Zuwachsraten Anfang der 90er Jahre stagnierte überraschenderweise der Luchsbestand im Dreiländereck Deutschland-Tschechien-Österreich Ende der 90er.

Herdenhunde als Schutz
Auf den Schweizer Almen grasende Schafherden, im Sommer unbewacht, sind leichte Beute für Luchs, Wolf und Bär. Als Bewacher werden vermehrt große Herdenhunde eingesetzt. Sie wachsen mit den Schafen auf, betrachten sie als Rudelmitglieder und verteidigen sie entsprechend gegen die Räuber. Da die Hunde zuweilen recht ruppig mit den Schafen umgehen, werden mancherorts die „verträglicheren" Esel und Lamas als Bewacher eingesetzt. Auch diese Tiere gehen mutig zum Angriff über, wenn sie ein Raubtier gewittert haben und bieten daher einen wirksamen Schutz vor Luchs- und Wolfsangriffen.

Wiederansiedlungsprojekte

Seit Anfang der 70er Jahre wurden in mehreren europäischen Staaten erfolgreiche Auswilderungsprojekte gestartet. 1971 wurden in der Schweiz 25 Tiere frei gelassen. Die Populationsgröße liegt heute bei 100 bis 150 Tieren. Auch die Auswilderung 1973 in Slowenien war erfolgreich. Während die Population nach dem Auswilderungsversuch 1976 in Österreich in den Alpen sehr klein ist, entwickelte sich seit der Freilassung von 19 Tieren (1983) in den französischen Vogesen ein stabiler Bestand. Die 17 Luchse, die von 1982 bis 1985 im Sumava-Nationalpark in Tschechien ausgewildert wurden, bilden heute den Grundstock der Population im Dreiländereck Tschechien, Deutschland, Österreich von etwa 70 Tieren. Von 2000 bis 2003 wurden im Harz zudem 18 Luchse ausgewildert.

Steckbrief Eurasischer Luchs *(Lynx lynx)*

Körpermaße	Weibchen (Katze): Körperlänge 80–110 cm; Schulterhöhe 53–62 cm; Gewicht 20–25 kg. Männchen (Kuder): Körperlänge 90–120 cm; Schulterhöhe 60–70 cm; Gewicht 22–30 kg.
Merkmale	Schäferhundgroß, gelbbraun bis rotbraun mit mehr oder weniger schwarzen Flecken. Von langbeiniger kräftiger Gestalt, Hinterbeine länger als Vorderbeine, typisch sind Stummelschwanz, Pinselohren und ein ausgeprägter Backenbart.
Sinne	Gutes Nachtsehen (sechsmal lichtempfindlicher als das menschliche Auge), sehr gutes Gehör, Geruchssinn vorwiegend zur innerartlichen Kommunikation.
Nahrung	Reiner Fleischfresser, vor allem auf Rehe spezialisiert, in den Alpen häufig Gämsen als Beute und wenn vorhanden, auch Mufflons. Beutespektrum reicht vom Kleinsäuger bis zum Rothirsch.
Feinde	Erwachsene Luchse haben praktisch keine Feinde. Jungluchse dagegen können Beutegreifern vom Fuchs bis zum Braunbären zum Opfer fallen. Verlustraten überwiegend aufgrund von Krankheiten. Hohe Wolfsbestände und hohe Luchsdichten schließen sich aus.
Alter	Bis zu 15 Jahre in freier Wildbahn, in Tierparks bis zu 25 Jahre.
Lebensraum	Überwiegend in Waldgebieten der Mittelgebirge bis ins Hochgebirge, aber auch im Flachland, in Niedermooren, Heideflächen, wenn deckungsreiche Feldgehölze das Anschleichen ermöglichen und störungsarme Rückzugsgebiete vorhanden sind. In Deutschland leben derzeit 30 bis 40 Luchse, in Europa etwa 7000, weltweit wird ihre Zahl auf unter 50 000 geschätzt.

Die Geheimnisvolle aus den Wäldern

Etwas ist bei dieser Katze anders: Sie ist scheu und geheimnisvoll, hält sich immer abseits der anderen Katzen. Diese sind sofort da, wenn die alte Bäuerin kommt, um die Fressnäpfe zu füllen. Die Schwarzweißen, die Roten, die grau-schwarz Getigerten und die dicke cremefarbene Katze mit dem schwarzen Gesicht. Und natürlich der Stallkönig: der schwarze Kater mit den weißen Pfoten. Wenn es etwas zu fressen gibt, ist die Katzen-Etikette vergessen: Alle drängen an die Näpfe. Einzig die Geheimnisvolle sitzt oben auf dem Balken im Heuschober und beobachtet die Szene. Versucht man, sich ihr zu nähern, verschwindet sie. „Die hat bestimmt Wildkatze im Blut, so scheu wie sie ist", sagt die Bäuerin nur: „Außerdem hat sie einen kräftigen Schwanz. Das sieht verdächtig nach einem Wildkatzenvater aus."

Trotz hohem Verkehrsaufkommen und Jagd „aus Versehen": Der „kleine Tiger" der Wälder hat überlebt.

Eine Wildkatze? Gibt es die denn überhaupt noch? So viele Geschichten ranken sich um dieses Tier, das nur tief in den Wäldern in hohlen alten Baumriesen hausen soll. Das solchen Mut und Kraft besitze, dass es selbst Rehe und Hirschkälber schlagen könne.

Ein scheuer König

An einem Sommerabend während der Heuernte – die Heuballen sind schon zum Schutz vor Regen zu kleinen Türmen zusammengestellt – schleicht eine Katze am Waldrand entlang. Die Heuballen-Türme sind ein hervorragender Beobachtungsplatz: Man kann gut erkennen, wie kräftig die grau-braune Katze ist. Es muss sich um einen Kater handeln. Er bewegt sich heimlich, nutzt jede Deckung und beäugt misstrauisch die Umgebung. Er hat einen buschigen Schwanz. Trotz des Dämmerlichts sind deutlich mehrere schwarze Ringe und die schwarze dicke Schwanzquaste zu sehen. Eine Wildkatze?

Von der anderen Seite der Stoppelwiese nähert sich der Stallkönig und wandert auf den Wald zu. Auch er scheint weder den Beobachter auf dem Heuturm noch den fremden Artgenossen zu bemerken. Bis er an den Waldrand gelangt. Der Graue faucht, schießt plötzlich auf den verdutzten Stallkönig los. Die Rangelei ist kurz, aber der Stallkönig gerät arg in Bedrängnis. Als der Wildkater des menschlichen Beobachters gewahr wird, verschwindet er in den Wald. Zurück bleiben der lädierte Stallkönig und ein beeindruckter Wildkatzen-Fan.

„Dass Wildkatzen Rehe, Hirschkälber und Auerhühner reißen, ist völliger Humbug", sagt Manfred Trinzen. „Eines der alten Schauer-Märchen, die dazu geführt haben, dass die Wildkatze in der Bevölkerung und bei den Jägern unbeliebt war und als schlimmer Räuber verfolgt wurde." Dies sei unfassbar, wenn man bedenke, dass die Wildkatze ein ausgesprochen nützlicher Mäusevertilger sei. „Sie hätte also selbst in Zeiten, als der Mensch Tiere nur nach ihrem Nutzen einteilte, als Nützling gelten müssen", verdeutlicht Trinzen den Irrsinn der Wildkatzen-Verfolgung: „Aber alles, was Zähne und Krallen hatte, wurde als Schädling eingestuft." Andererseits habe man damals fast nichts über das Leben der scheuen Wildkatze gewusst, fügt Trinzen nach einer Erklärung suchend an.

Der 50-jährige Biologe Manfred Trinzen hat in Düsseldorf und Saarbrücken studiert. In den 80er Jahren avancierte er zum Wildkatzen-Experten. Woher stammt sein Interesse gerade für dieses Tier? Ein Grund sei gewesen, so Trinzen, dass sich zu dieser Zeit europäische Umweltverordnungen durchsetzten. Bei Planungen größerer Baumaßnahmen mussten auch die Bedürfnisse bedrohter Tiere berücksichtigt werden.

In Rheinland-Pfalz stand beispielsweise der Bau der A 60 an. Die Autobahn sollte durch Waldgebiete führen, in denen Wildkatzen leben. Die Tiere sind zwar in Deutschland seit 1934 geschützt, das Wissen über Lebensraum und -weise ist aber auch im ausgehenden 20. Jahrhundert dürftig. Da verwundert es kaum, dass auch über die Wildkatzen-Bestände entlang der geplanten A 60-Trasse nichts Ge-

Das Fell der Wildkatze ist verwaschen getigert, die schwarzen Schwanzkringel sind dagegen deutlich ausgeprägt.

naues bekannt war. „Löwen-, Tiger- oder Wolf-Experten gab es jede Menge an unseren Unis", erinnert sich Trinzen: „Aber sich mit der heimischen Wildkatze zu befassen, war eine Art Marktlücke." 1998 wurde er beauftragt, das Wildkatzenvorkommen der Eifel zu erfassen. In dem linksrheinischen Mittelgebirge lebt eine der größeren Wildkatzenpopulationen Europas. Sie wird dort liebevoll „Eifeltiger" genannt.

Kein Vorfahr unserer Hauskatze

Wenig bekannt ist, dass der „Eifeltiger" nicht der „Vater" der Hauskatze ist. Ihr Vorfahr ist die afrikanische Falbkatze (*Felis silvestris lybica*). Im fünften Jahrtausend vor Christus hatten die Ägypter die Falbkatze bereits domestiziert, die Römer importierten sie nach Europa. Die heimische Wildkatze (*Felis silvestris silvestris*) trägt ihren Namen zu Recht: Sie war und blieb wild, menschenscheu und konnte nicht domestiziert werden. In der Systematik werden mehrere Kleinkatzenarten als Wildkatzen bezeichnet, weshalb man die europäischen Vertreter auch als Waldkatze bezeichnet.

Mäuse bevorzugt

Wildkatzen sind etwas größer und kräftiger als Hauskatzen. Durch ihre längeren Haare, den wuchtig breiten Kopf mit den kurzen Ohren und die dickeren Läufe wirken sie erheblich massiver und plumper als ihre domestizierten Verwandten. Wildkatzen haben meist einen weißen Kehlfleck. Vor allem am Schwanz sind sie von der Hauskatze zu unterscheiden durch deutlich abgesetzte, schwarze Ringe und ein schwarzes, stumpfes Ende. Da Wildkatzen im Schnitt nur vier bis sechs Kilo wiegen, relativiert dies die Fabel vom „Reh-Beißer": Der Eifeltiger ist also bestenfalls ein „Tigerchen".

Einem Vergleich mit ihrem großen gestreiften Cousin hält auch der Blick auf den Speiseplan der Wildkatze nicht stand. Zu 80 Prozent ernährt sie sich von Mäusen, die sie erst anschleicht und dann blitzschnell anspringt. Die Jagdzeit der Wildkatze beginnt in der Dämmerung. Während der Pirsch sucht sie Plätze auf, an denen es sich lohnt, der Beute aufzulauern. Wählerisch ist die Wildkatze nicht, sondern frisst alle Kleinsäuger, die sie erbeuten kann: vom Wiesel über Eichhörnchen und Ratten bis hin zum Feldhasen. Der Feldhase ist das größte Tier, das die Katze erlegen kann – und macht nur einen Bruchteil ihrer Nahrung aus. Beliebter sind Singvögel, Amphibien, Reptilien und größere Insekten. Und obwohl der „Tiger" eigentlich als wasserscheu gilt, fanden Wissenschaftler immer wieder Fischreste in den Ausscheidungen. Zudem wurde an Bachläufen beobachtet, dass Wildkatzen auch Bisamratten fangen. Weniger beliebt sind Aas (nur in Notzeiten) und vegetarische Kost (als Brechmittel, um Unverdaubares hervorzuwürgen).

Kälte verhindert den Gen-Mix

Rund sechs Millionen Hauskatzen werden in Deutschland gehalten. Nicht wenige leben halb wild, streunen durch die Wälder – und kommen in Kontakt mit ihren wilden Verwandten, mit denen sie theoretisch fruchtbare Nachkommen zeugen könnten.

Daher waren Wissenschaftler durchaus überrascht, als sie feststellten, dass der Genpool der Wildkatzen hierzulande nicht mit den Anlagen der Hauskatzen durchmischt ist: In freier Wildbahn werden also eher selten „Mischlinge" gezeugt. Anders stellt sich die Situation in Schottland und Südeuropa dar: Dort sind die Wildkatzenbestände stark mit Hauskatzenmerkmalen durchkreuzt.

„Wir vermuten, dass es mit dem Klima zusammenhängt", meint Manfred Trinzen. Die Paarungszeit findet bei den Wildkatzen etwa zwischen Januar und März statt. Doch der Winter ist nicht die Zeit der Hauskatzen. „Die zieht es dann eher an den warmen Ofen", sagt Manfred Trinzen. In wärmeren Klimazonen haben die Wildkatzen dagegen eine zweite Paarungszeit im Spätsommer – wie die Hauskatzen. Und dann stehen die „Chancen" für die wärmeverwöhnten Stubentiger schon besser, allein schon statistisch gesehen.

Großer Vetter – großer Feind?

In Acht nehmen muss sich eine ausgewachsene Wildkatze vor Wölfen und Steinadlern, wirklich fürchten den Luchs. Der nimmt keine Rücksicht darauf, dass die Wildkatze seine kleine Verwandte ist. Er stellt ihr gnadenlos nach. Vor allem in Regionen mit Tiefschnee ist die Wildkatze dem langbeinigen Luchs unterlegen und schafft es nicht immer, die rettende Baumkrone zu erreichen. Während Habicht und Uhu Jungkatzen schlagen können, droht dem Nachwuchs besondere Gefahr durch den Fuchs. Über einen unbewachten Wildkatzenwurf, der im Schnitt aus zwei bis vier Kätzchen besteht, machen sich aber auch Dachs, Marder, Iltis und Hermelin her.

Auch bei schlechtem Wetter nicht hinterm Ofen: Wildkatzen sind zäh und winterfest, Schneehöhen über 30 cm setzen ihnen aber zu.

Viele Opfer unter den Wildkatzen fordert der Straßenverkehr. In Bayern ergab eine Untersuchung, dass über 80 Prozent aller tot aufgefundenen, markierten Wildkatzen im Straßenverkehr starben. Auch zahlreiche Katzenkrankheiten, die von Hauskatzen in den Wald getragen werden, dezimieren den Wildkatzen-Bestand. Mehrere Zehntausend Katzen und Hunde werden jedes Jahr in Deutschland geschossen. Die Jagd auf wildernde Haustiere, die durch den Wald streunen, wird mittlerweile kontrovers diskutiert. Derzeit darf ein Jäger einen Hund beispielsweise nur schießen, wenn er ihn „auf

Wildkatze · dauerhaftes Vorkommen ▮

frischer Tat" beim Verfolgen und Reißen von Wild ertappt. Katzen dürfen dagegen schon getötet werden, wenn sie im Jagdbezirk und weiter als 200 Meter vom nächsten Haus entfernt angetroffen werden. In Wildkatzenregionen sind Jäger angehalten, aufgrund der Ähnlichkeit von Wild- und Hauskatze, graue Katzen zu schonen. Erobert eine Wildkatze neues Terrain, in dem Jäger weiterhin Hauskatzen dezimieren, dann könnte das die Ausbreitung der Wildkatze im Keim ersticken. Dabei wird der Abschuss von Haustieren gerade damit begründet, die Wildfauna zu schützen.

Wildkatze und Mensch
Mit Ausnahme von Skandinavien, Irland und Island war die Wildkatze einst überall in Europa verbreitet. Im 18. und 19. Jahrhundert aber

schrumpften ihre Bestände rapide – als man feststellte, wie Manfred Trinzen zynisch anmerkt, dass man mit dem Gewehr allein eine Tierart nicht ausrotten kann. Stattdessen wurden systematisch Tellereisen, Schlingfallen und Giftköder eingesetzt. Heute ist die Wildkatze europaweit bedroht. „Inselartige" Vorkommen gibt es noch in Schottland, Spanien, Italien, den Balkan-Staaten sowie in Rumänien und der Slowakei. In Russland ist fast nichts über die Verbreitung der Wildkatze bekannt. In Mitteleuropa befindet sich ein für die Gesamtpopulation wichtiges Restvorkommen, das von Ostfrankreich über Belgien und Luxemburg bis in die Eifel, den Hunsrück und den Pfälzer Wald hineinreicht. Ein weiteres größeres Restvorkommen in Deutschland ist im Harz und dem umgebenden Vorland.

Problematisch ist die räumliche Trennung der Populationen in Europa: Ein genetischer Austausch zur Vermeidung von Inzucht ist überlebenswichtig für die Wildkatze. Daher wurden ab 1984 Wiederansiedlungs- und Auswilderungsprogramme im Bayerischen Wald (109 Tiere), Steigerwald (64) und im Spessart (250) gestartet. Untersuchungen in Hessen und Thüringen zeigen aber auch, dass die Wildkatze in Deutschland „auf eigenen Pfoten" wieder Boden gutmacht. Dort breitet sich die Wildkatze langsam wieder aus.

Lebensraumansprüche des kleinen Waldtigers

Während die Weibchen in 100 bis 300 Hektar großen Gebieten leben, beanspruchen die Männchen 500 bis 1500 Hektar umfassende Reviere. Eine Population von 50 Wildkatzen benötigt 20 000 Hektar. 500 Tiere sind allerdings mindestens nötig, um das Überleben einer Population in einer Region zu sichern.

1000 Wildkatzen leben nach Manfred Trinzens Untersuchungen in der Eifel. In ganz Deutschland wird der Bestand auf gerade einmal 5000 Tiere geschätzt. Diese Zahlen dokumentieren das Problem. Werden die Populationen nicht miteinander vernetzt und kann kein genetischer Austausch erfolgen, sind die kleineren Populationen im Osten und Süden Deutschlands mit teils weniger als 100 Wildkatzen nicht überlebensfähig. Ein wichtiges Ziel nicht nur im Wildkatzen-, sondern im gesamten Artenschutz ist die Biotopvernetzung. So sollen in Deutschland Wanderkorridore offengehalten werden. Wo durch Bebauung die Wanderwege der Wildkatze schon unterbrochen sind, sollen Querungshilfen angelegt werden. Unüberwindbare Hindernisse wie Autobahnen können durch Tal- und so genannte Grünbrücken für die Wildkatzen passierbar werden. Durch das Anpflanzen von Hecken und Feldgehölzen kann die Wanderung der Wildkatzen durch Flächen mit intensiver Landwirtschaft und weitläufige Monokulturen erleichtert werden.

Am liebsten unaufgeräumt

Ein Drittel der Fläche Deutschlands ist mit Wald bedeckt. Jedes Jahr kommen 3500 Hektar hinzu. Doch Fichten- und Kiefernmonokulturen bieten der Wildkatze keinen passenden Lebensraum. Ihr „Wohnzimmer" mag die Wildkatze ein wenig unaufgeräumt: Wälder mit einer reichen Strauchvegetation, mit Blößen und einigen alten Baumriesen. Die Wildkatze würde es den Förstern danken, wenn sie den einen oder anderen toten Baum stehen lassen. Richtig „unaufgeräumt" war es in den Eifelwäldern, als dort Stürme 1990/92 Chaos hinterließen: Der Bestand der Wildkatze nahm zu.

Im Sommer sind neben strukturreichen Wäldern auch offene Landschaften – Wiesen und Stoppelfelder – mit Deckungen in Form von Hecken und Baumgruppen beliebte Jagdreviere der Wildkatze. Sie wandert auf der Suche nach Beute entlang der Feldgehölze bis in die Getreidefelder hinein. Da es ihr im Winter bei anhaltend hoher Schneedecke schwer fällt, ihre Hauptbeute (Mäuse) zu jagen, ist die Wildkatze in schneereichen Gebieten über 600 Meter rar. Warme Süd- und Südwesthänge von Mischwäldern sind im Winter ihre bevorzugten Gebiete.

Selbst kleine Wildkatzen, die in menschlicher Obhut aufwachsen, werden niemals richtig zahm.

In geschützten Baum- und Felshöhlen, aber auch in Fuchs- oder Dachsbauen, Wurzeltellern oder einfachen Gehölzhaufen werden die Jungen aufgezogen. Auch wenn es in der Literatur oft beschrieben wurde, sind Wildkatzen eher selten auf Bäumen anzutreffen. Dies ergaben Untersuchungen von mit Sendern markierten Tieren. Erstaunt waren die Wissenschaftler darüber, dass die als wasserscheu geltenden Wildkatzen regelmäßig an Gewässern und in Feuchtgebieten anzutreffen sind – und sogar Flüsse überqueren.

Mit Baldrian fängt man Wildkatzen

Um die Wildkatzen zu Untersuchungszwecken in die Falle zu locken, wenden die Wissenschaftler eine Methode an, die sich schon bei Tigern in Indien bewährt hat. Die Tiere werden regelrecht an der Nase herumgeführt. Manfred Trinzen nutzte den Duft der Baldrian-Pflanze, dem die Katzen nicht widerstehen können, um die Bestände im Nationalpark Eifel mittels automatischer Fotofallen zu erfassen. Der Duft macht die Kater aggressiv: Sie vermuten einen Konkurrenten im Revier. Für die Katzen hingegen verheißt der Geruch eine verlockende Begegnung. Trinzen: „Die Weibchen erwarten einen strammen Kater."

Auch wenn Wildkatzen mutig sind und sich tapfer wehren können, sind sie nur kleine Raubtiere und stellen für Menschen keinerlei Gefahr dar. Forscher berichten immer wieder respektvoll, wie sich die kleinen Tiere bei Fangaktionen Menschen entgegenstellen: Sie legen die Ohren an. Sie fauchen und knurren. Sie beißen und schlagen mit ihren Krallen nach der greifenden Hand. Und selbst mit der Flasche aufgezogene Wildkatzen werden keine Schmusetiere. Diese Erfahrung machten Pfleger in Stationen, in denen Jungtiere zur Wiederansiedlung aufgezogen wurden. Im Gegenteil: Die „kleinen Tiger" bleiben unwirsch und unnahbar. Sie sind eben echte Wildtiere – oder, wie Hermann Löns schrieb: „Die scheuen Ritter der Berge".

Steckbrief Europäische Wildkatze, Waldkatze
(Felis silvestris silvestris)

Körpermaße	Weibchen (Katze): Körperlänge 73–94 cm; Schulterhöhe 30–35 cm; Gewicht 2,5–5,0 kg. Männchen (Wildkater/Kuder): Körperlänge 83–97 cm; Schulterhöhe 32–37 cm; Gewicht 3,0–6,9 kg.
Merkmale	Ähnlich einer grau-braun getigerten Hauskatze, jedoch größer. Buschiger Schwanz mit dunklen Ringen und stumpfem, schwarzem Ende. Fellzeichnung nicht kontrastreich, sondern verwaschen. Schnauzenregion weiß, fleischfarbene Nase, breiter, wuchtiger Kopf. Gestalt besonders im Winterfell gedrungen und kräftiger als die Hauskatze wirkend.
Sinne	Scharfe Augen, vor allem gutes Nachtsehen und gutes Gehör. Geruchssinn ebenfalls gut entwickelt, wird aber nicht zur Jagd verwendet, sondern hat nur Bedeutung für die innerartliche Kommunikation.
Nahrung	Fleischfresser/kleiner Beutergreifer, vor allem Mäuse und andere Kleinsäuger bis zum Hasen. Reptilien, Amphibien, Insekten und auch Fische. Aas nur in Notzeiten.
Feinde	Wölfe, aber vor allem Luchse schlagen erwachsene Wildkatzen, Jungtiere haben zahlreiche Feinde: Fuchs, Marder, Greifvögel, Eulen.
Alter	7–10 Jahre, in Gefangenschaft über 15 Jahre.
Lebensraum	Vorzugsweise Waldlebensraum, Eichenwälder, Buchenmischwälder (weniger in Nadelwäldern), in schneeärmeren Mittelgebirgslagen, fehlt im Hochgebirge und in nordischen Regionen. Einzelgänger, Territorien im Schnitt 200 bis 700 Hektar groß, in Abhängigkeit vom Angebot an geeigneten Verstecken. In Deutschland leben etwa 5000 Wildkatzen.

Ein vierbeiniges Verkehrshindernis in Dresden

Alarmiert von einer Nachbarin, war Helmut Klemm aus dem Örtchen Niewisch in Brandenburg in sein Auto gesprungen und hinaus zu den Weiden gefahren. Dort mochte der Bauer seinen Augen nicht trauen. War das langbeinige braune Tier, das da zwischen seinen Kühen herausragte, nicht ein Elch? „Als ich näher herangehen wollte, trabte der langsam davon", erzählt Helmut Klemm. „In aller Eile bewaffnete ich mich mit einem Fotoapparat und bin hinterher. Und im Wald stand er plötzlich vor mir. Tatsächlich ein Elch, keine 30 Meter entfernt. Das war wirklich ein erhabener Moment". Auch die Presse fand, dass diese Begegnung etwas Besonderes war. So erlangten Helmut Klemm und der Elch aus Niewisch Ende der 90er Jahre lokale Berühmtheit.

Doch bald war von ähnlichen Begebenheiten in Mecklenburg-Vorpommern und Sachsen zu lesen. Es meldeten sich immer zahlreicher Augenzeugen zu Wort. Gleichzeitig gab es nicht wenige Menschen, denen die Sache reichlich spanisch vorkam: „Elche in Deutschland? Und das nur 15 Autominuten entfernt von Berlin?"

Elchbulle mit Bastgeweih: Jedes Frühjahr werfen Elche ihr altes Geweih ab und bilden aus Knochensubstanz ein neues aus.

Für Skeptiker schien der Gipfel der Elch-Fabeln im Jahr 2001 erreicht: Aufgeregte Dresdener wollten „einen dieser skandinavischen Hirsche" in ihren Vorgärten gesehen haben. Doch die Spötter verstummten, als just dieses Fabeltier schließlich auf einer Straßenkreuzung von der Polizei gestellt wurde. Es handelte sich um ein

männliches Jungtier, das allerdings in Panik geriet und sich tödlich verletzte. Der ausgestopfte Kopf war bald darauf im Dresdener Tierkundemuseum zu bewundern. Mit dieser Trophäe vor Augen, wurde auch den letzten Zweiflern klar, dass tatsächlich Elche in Ostdeutschland umherwandern. So verwunderte es kaum jemanden, als im Herbst 2004 auch Bayern Elche meldete. Alles in allem scheinen nicht einmal wenige der braunen Riesen durch deutsche Wälder zu streunen, zumindest, wenn alle Augenzeugenberichte der Wirklichkeit entsprechen: Allein in Brandenburg gab es in den letzten 15 Jahren über 50 Elch-Sichtungen.

Schwere Zeiten für den Sumpfesel

Elche sind in Deutschland im Prinzip keine „Exoten". Mitteleuropa zählt noch zum natürlichen Verbreitungsgebiet von *Alces alces*, wie die großen Grasfresser mit wissenschaftlichem Namen heißen. Heute sind sie zwar überwiegend in den nördlicheren Zonen, den borealen Nadelwäldern Nord- und Osteuropas, Asiens und Nordamerikas heimisch, im Mittelalter gab es aber selbst im Alpenvorland oder in den südlichen Vogesen „Elennthiere", wie in alten Chroniken zu lesen ist. Vor allem die Au- und Bruchwälder an Rhein und Elbe sowie die Feuchtflächen entlang der Seen waren bevorzugte Lebensräume. Weil sie gerne Wasserpflanzen äsen, wurden sie im Volksmund auch Sumpfesel genannt. Mitte des 18. Jahrhunderts waren hierzulande allerdings die letzten Elche ausgerottet. Damit verschwand neben Auerochse, Wisent und Wildpferd auch der Vertreter der imposantesten Groß-Grasfresser aus unseren Wäldern.

Sie wurden aus ihrem angestammten Lebensraum verdrängt, als Wälder gerodet und Sümpfe trockengelegt wurden. Die Jagd gab ihnen schließlich den Rest. Aber gerade, weil sie als Jagdwild so begehrt sind, wurden auch immer wieder Neuansiedlungen unternommen. In den 1930er Jahren etwa setzten Jäger einige Tiere in der Müritz aus. Sie vermehrten sich, fielen aber den Wirren des Zweiten Weltkriegs zum Opfer. In den 70er Jahren versuchte man, die stattlichen Hirsche in der Schorfheide 60 Kilometer nördlich von Berlin auszuwildern. Die importierten Exemplare stammten aus dem Ural und waren ein Geschenk der Sowjetunion ans kommunistische Bruderland. Da sie aber mit der Flasche aufgezogen worden waren, kannten sie keine Scheu vor Menschen. Bald suchten sie die Vorgärten der Umgebung heim. Die Toleranzgrenze war überschritten, als sie einen Flugplatz lahmlegten. So gerieten auch diese Tiere ins Fadenkreuz der Jäger.

Jahre nach diesem letzten Großwild-Kahlabschuss fand auch der ein oder andere Elch, der sich heimlich in Deutschland blicken ließ, bald sein Ende, und zwar in deutschen Kochtöpfen. Als letztes Bundesland hatte Sachsen noch bis Mitte der 90er Jahre eine Jagdzeit für Elche. Seit 1997 sind sie auch dort ganzjährig geschont.

Der Elch – ein Gigant unter den Hirschen

Der Elch ist der größte unter den weltweit 40 Hirscharten. Das auffälligste Merkmal ist sein langer, pferdeähnlicher Kopf mit der typischen Elchnase, einer verlängerten Oberlippe. Typisch sind auch die Hautlappen, die vom Hals der Elchbullen herabhängen: der so genannte Kehlbart. Elche sind von markanter Gestalt, auffallend sind ihre breite Brust und der hohe Widerrist, wie der Schulterfortsatz zwischen Hals und Rücken genannt wird. Vor allem beim Elchbullen wirkt der Körper nach vorne hin überbaut und durch die langen Läufe weniger lang gestreckt als der eines Pferdes, dafür fallen sie etwas höher aus. In der Summe sind Elche also von pferdegroßer Statur. Der Alaska-Elch, *Alces alces gigas* (auch Yukon-Elch genannt), ist zusammen mit dem Kamtschatka-Elch der größte aller neun Unterarten. Er erreicht eine Schulterhöhe bis 230 cm und kann über 800 Kilogramm wiegen. Aber was sagen Zahlen schon aus? Wer je einem Elchbullen in freier Wildbahn begegnet ist, wer gespürt hat, wie der Boden bebt und die Gehölze splittern, wenn dieser lostrabt, der weiß, warum er den Beinamen „Gigant" trägt.

Ein friedlicher Riese mit mächtigem Geweih

Wie bei allen Hirscharten (außer bei Rentieren) tragen nur die Männchen, die Elchbullen, ein Geweih. Es ist nicht wie das Gehörn der Rinder oder Steinböcke aus Haarzellen entstanden, sondern wird aus Knochensubstanz aufgebaut. Auch wird es im Winter abgeworfen. Im folgenden Frühjahr wächst aus der Knochenbasis – den Rosenstöcken – ein neues Geweih. „Schieben" nennt der Jäger die Phase der Neubildung. Die Geweihgröße nimmt mit den Jahren zu und erreicht ein Maximum zwischen dem sechsten und zehnten Lebensjahr. In der Blüte ihres Lebens tragen europäische Elche bis zu 1,7 Meter breite und bis zu 30 Kilo schwere Knochen auf dem Kopf, bei den Alaska-Elchen kann das Geweih gar zwei Meter weit ausladen und 40 Kilo wiegen. Im Spätsommer ist das Bastgeweih fertig entwickelt. Die Blutversorgung der Basthaut wird eingestellt. Sie trocknet und der Elch fegt die losen Hautstücke ab, indem er mit seinem Geweih kleinere Bäume und Sträucher traktiert. So sind sie bereit zur Brunft, die im September beginnt.

Heftige Kämpfe zur Paarungszeit

Anders als bei den verwandten Rothirschen sind Elche das ganze Jahr über Einzelgänger. Entsprechend brunften sie auch nur um eine Elchkuh, selten um zwei oder drei. Der Bulle scharrt und schiebt

Zur Verteidigung ihres Kalbes stellen sich Elchmütter auf die Hinterbeine und schlagen mit den Vorderhufen aus.

mit seinem Geweih eine Kuhle in den Boden, nässt hinein und wälzt sich darin. Ein Imponierverhalten, das seine Auserwählte beeindrucken und Rivalen abschrecken soll. Ist die Elchkuh zur Paarung bereit, wälzt sie sich ebenfalls in dieser Duft-Kuhle. Zu Rivalenkämpfen kommt es eher selten. Reichen Drohgebärden nicht aus und es treffen ebenbürtige Rivalen aufeinander, dann können die Kämpfe allerdings sehr heftig werden, in seltenen Fällen gar tödlich enden. Nach einer Tragzeit von 8 Monaten gebärt die Elchkuh ein bis zwei Kälber, selten drei. Kurze Zeit nach der Geburt können die Kälber auf ihren staksigen Beinen stehen und bald schon ihrer Mutter folgen. In dieser Zeit verteidigt die Mutter ihren Nachwuchs kompromisslos. Acht Monate lang werden die Jungtiere gesäugt. Im Alter von zwei Jahren werden die weiblichen und mit drei Jahren die männlichen Jungtiere geschlechtsreif.

Äußerst wehrhaft gegen natürliche Feinde

In freier Wildbahn erreichen Elche ein Alter von 15 bis 20 Jahren, dann sind spätestens ihre Zähne abgenutzt. Sie können nur noch spärlich Nahrung aufnehmen, werden schwächer und anfällig für Parasiten, vor allem aber für Feinde. In Europa sind dies hauptsächlich Wölfe und Braunbären. Auch der Vielfraß fällt schon mal über geschwächte oder junge Tiere her. In Sibirien gesellt sich der Tiger als Feind hinzu, in Nordamerika sind es neben Wölfen und Grizzlys auch Pumas und Schwarzbären, die allerdings höchstens Jungtiere erlegen. Denn ausgewachsene Elche sind äußerst wehrhaft. Sie ver-

teidigen sich erfolgreich, indem sie mit ihren Vorderläufen ausschlagen. Die scharfschaligen Elchhufe sind tödliche Waffen. Das
wissen auch die Angreifer und so nimmt vor einer wütenden Elchkuh, die ihr Kalb kompromisslos verteidigt, selbst ein Grizzlybär
Reißaus. Am häufigsten fallen die fast ausgewachsenen Jungtiere
Raubtieren zum Opfer. Sie stehen nicht mehr unter direktem Schutz
ihrer Mutter, sind aber noch nicht erfahren genug, um sich erfolgreich zu verteidigen. Im Winter, bei verharschtem Schnee, sind Elche besonders gefährdet. Die Schwergewichte sinken jetzt tief im
Schnee ein, kommen nur langsam und mit hohem Kraftaufwand
voran. Wolfsrudel können bei diesen Verhältnissen selbst kapitale
Elchbullen zur Strecke bringen, indem sie sie bis zur Erschöpfung
hetzen und ihnen mit Bissattacken tödliche Wunden beibringen.

Gute Schwimmer
Wie Rehe sind Elche echte Feinschmecker, oder so genannte Kon-
zentratselektierer. Sie suchen gezielt nach Knospen, Blättern, Trie-
ben und Rinde von Laub- und Nadelhölzern, daneben äsen sie auch
Gräser, Kräuter, Beerensträucher, Pilze und Wasserpflanzen. Wegen
des kurzen Halses und der hohen Läufe kann ein Elch aber nur mit
Mühe vom Boden fressen. Er muss dazu entweder wie eine Giraffe
die Beine spreizen oder sich niederknien. Bevorzugt äst er deshalb
die Vegetation in einer Höhe zwischen 50 bis 300 cm ab. An die höheren Triebe mancher Bäume gelangt er, indem er sie niederreitet.
In Seen und Teichen taucht er ganz unter und grast mit angehal-
tener Luft die Wasserpflanzen ab. Elche lieben Wasser, finden sie
dort doch an heißen Sommertagen Abkühlung und ein bisschen
Frieden vor lästigen Mücken. Aber sie stehen nicht nur träge im
kühlen Nass. Elche sind auch ausgezeichnete Schwimmer. Das liegt
an einer Besonderheit ihrer Hufe. Die beiden Hufschalen sind durch
einen Hautlappen miteinander verbunden. Gibt der Boden unter

Je kälter, umso größer

Die Körpergrößen der Unterarten schwanken im Verbreitungsgebiet. Im Norden
Schwedens werden die Elche größer als
die Tiere weiter im Süden. Solche Größen-
unterschiede findet man bei gleichwar-
men Tieren häufiger. Wissenschaftler er-
klären diese regionalen Unterschiede mit
der Bergmann'schen Regel. Diese besagt,
dass gleichwarme Tiere (also Vögel und
Säuger) einer Art in kälteren Regionen
größer werden als in wärmeren. Der Göt-
tinger Physiologe Carl Bergmann (1814–
1865) begründete seine Theorie mit dem
Energiehaushalt: Je größer ein Tier bei
gleicher Körperform ist, umso kleiner ist
sein Verhältnis von Oberfläche zu Vo-
lumen. Entsprechend ist bei größeren
Exemplaren der Wärmeverlust relativ gesehen geringer, d. h. sie unterkühlen auch
nicht so schnell.

ihren Füßen nach, spreizen sich die Klauen. Dank der Verbindungs-
haut vergrößert sich die Huffläche. So können sie selbst durch
sumpfiges und mooriges Gelände wandern. Im Wasser hat dies den
Effekt einer Schwimmhaut. Wie ein Hund paddelnd, werden sie bis
zu 10 km/h schnell und können selbst Kanus einholen. Zudem sind
sie recht ausdauernde Schwimmer, legen Strecken von bis zu
30 Kilometern zurück und durchqueren selbst Meerengen. 1999
schwamm ein Elch von Schweden durch den Oresund nach Dänemark. Ihre Leidenschaft für Ausflüge ins Meer wurde Elchen aber
auch schon zum Verhängnis. So fand man in Mägen von Schwertwalen auch Elchknochen.

Unverkennbar die markante Ramsnase. Nicht unbedingt eine Zierde, dafür aber praktisch: ein Vorheizraum für eiskalte Atemluft.

Der Elch – ein vielseitiges Nutztier?

Kaum bekannt ist, dass Elche beliebte und vielseitige Nutztiere
waren und sind. Bereits Felszeichnungen aus dem 9. Jahrtausend
v. Chr. lassen auf eine Zähmung von Elchen schließen. Später wurden sie zu Pack- und Reittieren ausgebildet. Die schwedische Kaval-
lerie setzte im 17. Jahrhundert auf Elche als Reittiere, allerdings mit
mäßigem Erfolg, da die Tiere bei Gefechtslärm in Panik ausbrachen.
Doch als Lastentiere sind sie gut brauchbar: Bis zu 125 Kilo können

sie tragen und sind gerade in schwierigem Gelände geschickter als Pferde. In Russland und Skandinavien gibt es sogar Elchfarmen. Dort werden die Elchkühe gemolken und ihre sehr fetthaltige Milch zu Käse verarbeitet. Als Nutztiere eignen sich allerdings nur zahme Elche, die als Jungtiere von Menschenhand aufgezogen wurden. An einem wilden Elchbullen hätte selbst der Weihnachtsmann auf seinem Schlitten wenig Freude. Elchbullen sind während der Brunft gerade in Gefangenschaft unberechenbar. Eine echte Domestikation des Elchs ist nie gelungen. Elche bleiben Wildtiere.

Wiederansiedlung auf Truppenübungsplätzen?

Noch bevor wilde Einwanderer aus Polen und Tschechien bei uns wieder Fuß fassen, könnten bald grasende Elche auf stillgelegten Truppenübungsplätzen ein ganz alltägliches Bild sein. Jedenfalls, wenn es nach den Wissenschaftlern geht. Ein Pilot-Projekt läuft auf dem ehemaligen Truppenübungsplatz Dauban im sächsischen Biosphärenreservat Oberlausitzer Heide. Unter der Beobachtung des Biologen Michael Striese weiden dort Elche auf 170 Hektar. Ein Spezialzaun hindert die hochgewachsenen Tiere am Ausbüxen. Er beginnt erst in 1,20 Meter Höhe, sodass andere Wildtiere ungehindert herein- und herausschlüpfen können. „Die Elche sollen dafür sorgen, dass die typischen offenen Moor- und Heideflächen nicht zuwachsen", sagt der Leiter des Biosphärenreservats, Peter Heyne. Für viele Pflanzen und kleinere Tiere der Offenlandschaft würden sie so zu Überlebensgaranten. „Das Projekt läuft erfolgreich. Es gibt viele große Naturflächen und aufgegebene Truppenübungsplätze in Deutschland, die man nicht einfach wieder zuwachsen lassen will und die für Elche wie geschaffen sind", so Peter Heyne.

Also Elche wieder ansiedeln? Es gibt auch einige Hürden. „Eine halbe Tonne Hirsch stellt für einen Personenwagen ein sehr gefährliches Hindernis dar", sagt Michael Striese. Das sei auch einer der Hauptgründe, weshalb in Deutschland derzeit nicht über eine aktive Ansiedlung von Elchen nachgedacht werde. „Allein unfallrechtlich wäre ein solches Projekt sehr problematisch", gibt der Biologe zu bedenken. Und nicht nur die Kfz-Versicherer sind tangiert. Da der Elch an jungem Laub und Nadelbäumen knabbert, verzichten die Förster ebenfalls gerne auf ihn. Sie sehen nur ein weiteres hungriges Maul neben Rehen und Rothirschen.

Wohin wandern sie?

Doch was ist mit den wilden Einwanderern? „Das sind Tiere, die aus Polen und Tschechien zu uns herüberwechseln. Meist Jungtiere, die auf der Suche nach einem neuen Revier sind und dann die Oder und Neiße durchschwimmen." Michael Striese kennt nicht nur die Elche im Freilandgehege ganz genau, er hat auch Erfahrung mit wilden Elchen. Für ihn sind die vielen Sichtungen noch zu ungenau. Eine Schätzung über die Anzahl der Tiere und das mögliche Wachsen der Population sei schwierig. Wann, wo, welches Geschlecht? Und wo verbleiben sie? „Trotz ihrer Größe können sich Elche gut verbergen. Außerdem sind sie sehr mobil und wandern weite Strecken", sagt der Experte. Deshalb sei es gut möglich, dass es sich bei mehreren Sichtungen um ein und dasselbe Tier handeln könne. Um künftig genauere Informationen über die Wanderwege zu erhalten, hat der Biologe damit begonnen, ein Meldenetz unter den Jägern und Förstern der Region aufzubauen. Man müsse alle Beobachtungen zentral sammeln, um sie besser auswerten zu können, sagt er. Aber Michael Striese strebt noch mehr an, denn er hat gute Erfahrung mit dem Telemetrieren von Elchen gemacht. „Optimal wäre, wenn

Elch

//// sporadisches Vorkommen
Ausbreitungsrichtung ⟵

wir ein Tier betäuben und es mit einem Sender versehen könnten. Dann wüssten wir Genaueres über die Wanderbewegungen der Elche und wo sie letztlich abbleiben."

Elche in den Nachbarländern

Weltweit sind Elche in ihrem Bestand nicht gefährdet. Für die Zuwanderung nach Deutschland ist die Zahl der Elche in unseren Nachbarländern interessant: In Polen leben derzeit etwa 4000 bis 5000 Tiere – der Bestand nimmt zu. Vor allem aus der Schlesischen Heide wandern die Tiere nach Deutschland und nach Tschechien. Im Böhmerwald befindet sich zurzeit die einzige Population Mitteleuropas, ungefähr 50 Tiere. Von dort aus ziehen sie bis nach Bayern und Österreich. In Deutschland tauchen wandernde Elche seit den 70er Jahren auf. Potentielle Lebensräume liegen vor allem entlang der Oder, in der Oberlausitz und im Bayrischen Wald.

Steckbrief Elch *(Alces alces)*

Körpermaße	Weibchen (Elchkuh): Körperlänge 200–230 cm; Schulterhöhe 150–170 cm; Gewicht 260–320 kg. Männchen (Elchbulle): Körperlänge 240–290 cm; Schulterhöhe 180–210 cm; Gewicht 350–500 kg.
Merkmale	Relativ kurzes, hochbeiniges Tier, mit ausgeprägtem Widerrist (Rückenbuckel). Fellfarbe dunkelbraun, an den Beinen weiß, nur die Elchbullen tragen ein Schaufel- oder Stangengeweih, das bis zu 170 cm breit und 30 kg schwer werden kann.
Sinne	Sieht nicht besonders gut. Hat aber ein ausgezeichnetes Gehör und einen guten Geruchssinn.
Nahrung	Pflanzenfresser und Wiederkäuer, von Flechten über Pilze, Gräser, Wasserpflanzen, Knospen und Blätter, vor allem auch weichholzige Strauch- und Baumtriebe bis hin zu Kiefernnadeln.
Feinde	Wölfe und Bären erbeuten junge Elche, und selbst erwachsene Elchbullen. Der Vielfraß erbeutet in Skandinavien ab und an Elchkälber.
Alter	20–26 Jahre.
Lebensraum	Nordische Nadelwälder, Waldtundra, Misch- und Laubwälder, Sümpfe, Bruchwälder an Flussläufen, Seen und Meer (Ostsee), weniger im Gebirge.

Die Rückkehr des Königs

Wenn von der Rückkehr des Königs die Rede ist, dann handelt es sich nicht um eine Geschichte aus einer Fantasy-Trilogie. Damit ist auch nicht gemeint, dass uns wieder ein Zepter schwingender Monarch blüht. Nein, der besagte majestätische Rückkehrer ist ein brauner, zotteliger und äußerst genügsamer Wiederkäuer: der Wisent. Mit bis zu einer Tonne Lebendgewicht ist er unangefochten das mächtigste Landsäugetier Europas und die Geschichte seiner Rückkehr gleicht einer wahren Odyssee.

Nach dem Ende der letzten Eiszeit vor 10 000 Jahren schien sich zunächst alles günstig für den Wisent zu entwickeln. Auf den baumfreien Steppen keimten immer mehr Laubhölzer, Wälder breiteten sich aus. Der Wisent gehörte zu den großen Säugetieren, die – anders als der Riesenhirsch mit seinem weit ausladenden Geweih – mit dem dicht strukturierten Lebensraum Wald sehr gut zurechtkamen. Vor 5000 Jah-

Uriger Zeitgenosse mit dickem Fell. Was Wisente über sich ergehen lassen mussten, das geht auf keine Kuhhaut.

ren reichte sein Verbreitungsgebiet von der Bretagne bis nach Westsibirien. Ein erwachsener Wisent konnte aber recht unbehelligt durch die Wälder stapfen, Raubtiere wie Wolf und Braunbär trauten sich kaum an ihn heran. Lediglich die Spezies Mensch, die sich ebenfalls ausbreitete, hatte ihn auf ihre Speisekarte gesetzt, die Jagd auf ihn sogar in Höhlenmalereien verewigt.

Büffel-Latein

Zu Beginn der christlichen Zeitrechnung war der Wisent im Mittelmeerraum schon längst verschwunden. Trotzdem kannten die Griechen und die Römer den langhaarigen Koloss, der durch die nördlichen Wälder streifte. Die Griechen stießen auf den „Ochsen mit der Löwenmähne" noch vereinzelt in den rauen Gebirgswäldern des Balkans. Auch der römische Gelehrte Plinius der Ältere schrieb über das seltsame Rind in den Sümpfen und Wäldern jenseits der Alpen. Ob er aber nur nach Hörensagen berichtete, wie es bei römischen Schreibern nicht unüblich war, oder ob er ihn womöglich bei seiner Teilnahme an Militärzügen durch Germanien auch zu Gesicht bekommen hatte, wird anhand seiner Aufzeichnung nicht eindeutig klar: Er erzählt von einem Rind mit einer Pferdemähne, das so kurze Hörner habe, dass diese im Kampf von keinerlei Nutzen seien. Statt zu kämpfen, laufe der „Bison" vor jeder Bedrohung davon und hinterlasse dabei über eine Strecke von einer halben Meile unablässig eine Spur von Dung, die bei Berührung die Haut eines Verfolgers verbrenne wie Feuer. Eine spöttische, aber gar nicht mal so unzutreffende Beschreibung. Womöglich war Plinius einfach verwundert, dass ein Tier dieser Größe so schnell Reißaus nahm. Getreu dem Motto „Ein voller Bauch läuft nicht gern" erleichterte sich der Wisent in Fluchtsituationen. Sein Mist dürfte für seinen Verfolger weniger ätzend als allerhöchstens unangenehm rutschig gewesen sein. Bei ihren intensiveren Germanien-Exkursionen erfuhren die Römer, dass der Wisent sich aber durchaus auch zur Wehr setzen konnte. Prompt wurden einige Tiere bis nach Rom geschafft, wo sie sich in den Arenen zur Belustigung der Zuschauer Bären und Löwen zu stellen hatten und Gladiatoren ihnen mit Äxten und Spießen zu Leibe rückten.

Nützlicher Rohstofflieferant
Bei den Germanen waren die Wildrinder begehrtes Jagdwild. Einmal, weil mit der Erlegung ein Mann seine Geschicklichkeit, List und Mut beweisen konnte, wovon er in der Tat eine ordentliche Portion benötigte. Im Vordergrund standen aber wesentlich praktischere Aspekte. Denn neben einer enormen Menge Fleisch lieferten die großen Tiere vor allem Rohstoffe: Hörner, Knochen, Felle und Sehnen, die zu nützlichen Alltagsgegenständen verarbeitet wurden. Aber auch als Trophäe fanden einige Körperteile Verwendung. Kopfschmuck mit Wisenthörnern oder gar ganzen Wisentköpfen standen bei den Germanen hoch im Kurs, wie alte römische Reliefs zeigen.

Durch Jagd und Rodung wurden die scheuen Wildrinder bald in Nord- und Mitteleuropa dezimiert und zurückgedrängt. Gab es um 400 nach Christus noch Wisente bis an die Pyrenäen, waren sie um 1000 im heutigen Frankreich bereits ausgestorben. In Schweden verschwanden die letzten dieser Waldrinder im 11. Jahrhundert, in Südengland nur hundert Jahre später. In deutschen Chroniken aus dem 13. und 14. Jahrhundert tauchen zwar noch Wisente auf. Doch waren sie zu diesem Zeitpunkt in unseren Landen wohl schon recht selten. Was Aussagen zu einer Verbreitung im Mittelalter erschwert, ist das Vorkommen eines zweiten, annähernd gleich großen Wildrinds, das zu dieser Zeit noch bei uns lebte: der Auerochse oder Ur, Vorfahr unseres Hausrindes. Wisent und Ur wurden in der mittelalterlichen Literatur häufig miteinander verwechselt und beide als „Ur" bezeichnet. Und das, obwohl sie sich äußerlich deutlich voneinander unterschieden.

Ein fremdartiger Exot

Als 1502 ein junger Wisent als Geschenk des polnischen Königs an Kaiser Maximilian I. nach Nürnberg gebracht und dort auf dem Markt zur Schau gestellt wurde, war dieses Tier für die Bevölkerung zu dieser Zeit bereits völlig fremdartig und erregte großes Erstaunen und Aufsehen. Erst recht waren sie im 18. Jahrhundert Exoten, die in den Schaukämpfen im königlichen Theater in Berlin und Wien gehetzt wurden und „Hunde und Bären wie Ballen durch die Luft warfen", wie ein Schreiber fasziniert feststellte.

Waren bei uns die Wisente also Ende des Mittelalters verschwunden, so streifte in Osteuropa noch mehrere Jahrhunderte lang eine ansehnliche Zahl umher. Das Bevölkerungswachstum und die damit verbundene Rodung der Wälder hatten in den slawischen Ländern erst später eingesetzt, Gebirgsregionen, abgelegene Auwälder und Sümpfe blieben länger von menschlichen Eingriffen verschont. In Rumänien und im Kaukasus gab es vereinzelt Wisent-Bestände noch bis Anfang des 19. Jahrhunderts. Und selbst in Ostpreußen konnte durch königliche Protektion ein Restbestand erhalten werden, ehe 1755 das letzte Exemplar einem Wilderer zum Opfer fiel.

Rettungsinsel Bialowieza

Kaiserlichem und königlichem Schutz war es zu verdanken, dass die wilden Rinder überhaupt bis in unsere Zeit hinein überleben konnten. Schon im 11. Jahrhundert wurden Bannwälder ausgewiesen. Da die Jagdverbote missachtet wurden, drohte die Obrigkeit Wilderern gar mit der Todesstrafe. Ausreichend war auch diese Abschreckung nicht. Auerochsen waren bis zum 15. Jahrhundert flächendeckend bis auf wenige Exemplare im Bannwald Jaktorow nahe Warschau bereits verschwunden. Im Hungerwinter von 1627 wurde dort die letzte Ur-Kuh gewildert. Der Wisent hatte etwas mehr Glück. Die 1500 Quadratkilometer große Waldheide von Bialowieza (heutiges Ostpolen) hatten die Herrscher ebenfalls seit dem 11. Jahrhundert zu ihrem Jagdterrain bestimmt. Dort überlebten die Wisente. Nachdem das Gebiet 1803 an Russland gefallen war, verbot Zar Alexander I. den Bauern sogar den Holzeinschlag. Der leidenschaftliche Jäger hielt nicht nur mit internationalen Gästen aufwändige Hofjagden in Bialowieza ab, sondern ließ die Wisente auch hegen: Im

Winter mussten die Förster die Tiere füttern und pedantisch genau abzählen. 1857 kamen sie so auf einen absoluten Höchstbestand: 1900 Wisente lebten in dieser Zeit in Bialowieza, und das auf einer Fläche, die nur knapp doppelt so groß war wie das Stadtgebiet von Hamburg. Diese Überhege führte bald zur Ausbreitung von Viehseuchen: 1890 und 1910 verendeten Hunderte Tiere. Doch 1915 lebten immerhin noch 770 Wisente. Dann erreichte der Erste Weltkrieg auch diese abgelegene Region und stürzte das Schutzgebiet in ein Chaos. Hunger, Wilderei und die durchziehenden Truppen forderten ihren Tribut. 1917 waren nur noch 121 Tiere übrig. Als im März 1919 der wiedererstandene polnische Staat die letzten Wisente schützen wollte, stießen die Förster nur noch auf etwa ein Dutzend frischer Fährten. Wenig später, am 12. April, fand die Kommission lediglich die Spuren von Wilderern und die Reste eines gemeuchelten Bullen – der wohl letzte frei lebende Wisent Polens. Wie sich später herausstellte, hatte ein ehemaliger Forstbeamter, der bis zum Weltkrieg im Dienste des russischen Zaren stand, den letzten Wisent des polnischen Urwalds auf dem Gewissen. Im Kaukasus hatten zwar noch einige Bergwisente überlebt, der letzte fiel aber auch dort 1927 dem Gewehr zum Opfer.

Hoffnung und Ernüchterung

Wie zuvor schon beim Wildpferd und beim Auerochsen war nun wieder ein großer Pflanzenfresser verschwunden. Doch diesmal hatten weitsichtige Adlige rechtzeitig Tiere in Zoos und Gehegen untergebracht. Und zwei Menschen riefen zu einer Rettungsaktion auf, deren Ablauf atemberaubend war: der polnische Zoologe Jan Sztolcmann und der Frankfurter Zoodirektor Kurt Priemel. Auf ihre Initiative gründeten 1923 deutsche Zoodirektoren die „Internationale Gesellschaft zur Erhaltung des Wisents". Bald traten andere Länder bei, in denen noch Wisente in Zoos und Tiergärten standen. Das Ziel war, die Wisente durch planmäßige Zucht wieder zu vermehren und möglichst bald Tiere in entsprechend großen Waldkomplexen auszuwildern.

Zu Beginn stand eine Bestandsaufnahme: Weit verstreut in den Zoos und Tiergärten Europas fand man immerhin noch 56 Flachlandwisente. Und der Hamburger Tierhändler Hagenbeck besaß noch den Bergwisentbullen „Kaukasus", den Allerletzten dieser Unterart. Es wurde ein Zuchtbuch angelegt. Die ersten Tiere brachte man in ein umzäuntes Gehege nach Bialowieza. Doch der anfängliche Optimismus schwand, als die Tiere genauer auf Zuchttauglichkeit untersucht wurden. Die meisten der Wisente waren wegen ihres Alters, Krankheit und genetischer Unreinheit infolge von Kreuzungen mit amerikanischen Bisons für die Zucht ungeeignet. Die Erhaltung schien aussichtslos: Nur zwölf Wisente waren für die Zucht geeignet. Und die mussten auch noch zwei Züchtungslinien begründen: die der reinrassigen Flachlandwisente und die der Kreuzungslinie des Bergwisentbullen „Kaukasus" mit Kühen der Flachlandlinie. Diese kleinen Ausgangszahlen brachten die Gefahr der Inzucht mit sich, der genetische Flaschenhals hätte kaum schmaler sein können. Durch die sorgfältige Zuchtwahl vermehrten sich die Tiere und 1939 standen wieder zwei gesunde Zuchtlinien zur Verfügung. Dann brach der Zweite Weltkrieg über Europa herein und die Zoologen glaubten, dass alles vergebens gewesen sein könnte.

Rückkehr in die Freiheit

Doch nach dem Zweiten Weltkrieg schafften es Zoologen in Polen, die Wisent-Zucht schnell wiederaufzunehmen. 1952 entließ man in Bialowieza die ersten Wildrinder in die Freiheit. Bald darauf wurde das erste Kalb in Freiheit geboren und die Wisente vermehrten sich prächtig. In den 60er Jahren zählte der Bestand in Bialowieza über 150 Tiere. 1979 gab es weltweit wieder 2000 Wisente, 2006 waren es über 3000 Tiere. Durch eine internationale Zusammenarbeit – und das in einer Zeit der politischen Spannungen – war ein Wunder voll-

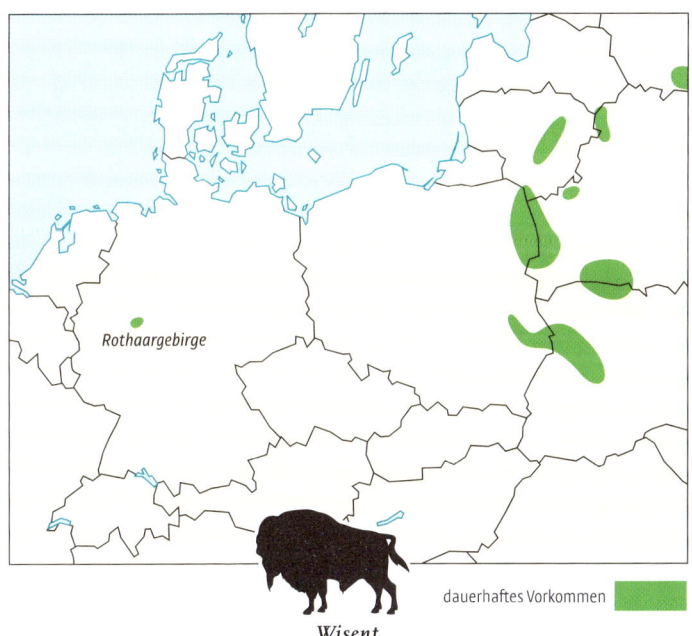

Rothaargebirge

dauerhaftes Vorkommen

Wisent

bracht worden, das kaum mehr möglich schien: die Rettung des europäischen Wisents. Heute leben wieder über 1800 Wisente in freier Wildbahn, verteilt auf Herden in Polen, Weißrussland, Russland, Litauen und der Ukraine sowie weitere 1200 Tiere in Zucht- und Schaugehegen oder Tierparks.

Wildlebende Wisents – Zukunftsmusik?

Der Wisent wurde vor der Ausrottung gerettet. Doch die Gefahr ist noch nicht gebannt. Durch die geringe Zahl der Tiere, mit der die Zucht vor 80 Jahren begann, liegt heute eine geringe genetische Diversität vor. Die Ausfälle im Zweiten Weltkrieg verschärften die Situation noch, sodass alle heutigen Wisentbullen nur von einem Stier abstammen. Dieser hohe Inzuchtgrad führte bereits zu Problemen. Beispielsweise nahmen asymmetrische Veränderungen der Schädelformen und des Körperskeletts zu. Auch die seit den 90er Jahren vermehrt auftretende Entzündung am Penis bei Wisenten in Bialowieza, verursacht durch Bakterien, wird auf Inzucht zurückgeführt. Stiere, die an dieser Balanoposthitis erkrankt sind, fallen für die Zucht aus. Die Anfälligkeit für Seuchen wird als hoch eingestuft und schnell könnte ein ganzer Bestand vernichtet werden.

Um diesem Problem entgegenzuwirken, fordern die Wissenschaftler den Ausbau weiterer Herden. In Osteuropa leben inzwischen an die 30 Freilandpopulationen, 2007 sollen zudem noch Wisente in Rumänien und der Slowakei ausgewildert werden. Denn je mehr selbstständige Freilandpopulationen es gibt, umso sicherer wird auch der Gesamtbestand. Durch eine geschickte Planung und konsequente Zuchtbuchführung mit entsprechendem Austausch

Pulpit der Wanderer

Der Wisentbulle Pulpit wurde in den 60er Jahren zum Liebling der Polen. Er brach aus einem Reservat in den südpolnischen Karpaten aus und wanderte durch die umliegenden Ortschaften. Von hupenden Autos und fuchtelnden Polizisten unbeirrt, trottete er in der Kleinstadt Zagorze auf einen Friedhof, wo gerade eine Beerdigung stattfand. In Panik sprangen die Trauernden auf die Mauern und kletterten auf die Bäume. Die Totengräber nahmen Reißaus und ließen den Sarg einsam zurück. Doch Pulpit war friedlich wie eine Hauskuh und verspeiste genüsslich den Blumenschmuck. Ein ganzer Schwarm Presseleute heftete sich bald an seine Fersen und machte Schlagzeilen mit ihm. Als die Regierung ihn sicherheitshalber liquidieren wollte, gab es einen Aufschrei in der Bevölkerung. Davon unberührt besuchte Pulpit die Bauernmärkte und ließ sich von Schulkindern mit Brot und Kuchen füttern, bis er magenkrank zusammenbrach und schließlich in ein umzäuntes Gehege geschafft werden konnte, in dem er seinen Lebensabend verbrachte.

einzelner Wisentbullen könnten diese zahlreichen Populationssplitter wieder zu einer einzigen (Metapopulation) zusammengefügt werden. Ein wichtiger Schritt, um das größte Landsäugetier Europas auch dauerhaft zu erhalten.

Dazu müssten aber auch die mittel- und westeuropäischen Nationen einen größeren Beitrag leisten. Bisher hatte man sich vor allem in Deutschland eher zurückgehalten, dem Wisent etwas Platz einzuräumen und ihn in unsere Kulturlandschaft wieder zu integrieren. Dabei bringen frei lebende Herden auch wirtschaftlich Vorteile: Die Arterhaltung ist so günstiger als in kostenaufwändigen Gehegen. Zudem können die mächtigen und genügsamen Wildrinder kostengünstig und effektiv Landschaftspflege betreiben. Es gibt bei uns einige Gebiete wie Nationalparks, Truppenübungsplätze oder Bergbaufolgelandschaften, die als Zukunftsräume für eine „Neue Wildnis" diskutiert werden und die sich für große Pflanzenfresser anbieten. Der Wisent käme selbst problemlos in schneereichen Mittelgebirgen zurecht, scheint es ihm doch geradezu Vergnügen zu bereiten, mit seiner breiten Stirn durch den Schnee zu pflügen, um die darunterliegenden Gräser freizuschieben.

Erste Freilandherde in Deutschland

Wenn nichts dazwischenkommt, wird im Sommer 2007 auch in Deutschland die Keimzelle für eine erste Freilandherde gelegt. Bei Bad Berleburg im Kreis Siegen-Wittgenstein sollen dann die ersten Wildrinder grasen, zunächst noch in einem Eingewöhnungsgehege. Doch knapp ein Jahr später könnte eine Handvoll der mächtigen Wildrinder aus dem Gatter hinaus in die Wälder galoppieren und eine kleine Herde gründen. Ihre neue Freiheit sind die Waldhänge und feuchten Bachtäler zwischen Wingeshausen, Schüllar und Kühude – eine begrenzte Fläche von zunächst knapp 4500 Hektar. Der langfristige Plan ist aber, dass an die 25 Wisente frei im Rothaargebirge leben sollen.

Für Uwe Lindner gibt es keine Zweifel, dass der Wisent in Deutschland wieder seinen festen Platz unter den Wildtieren einnehmen kann. Der Biologe, der als Projektleiter die Wiederansiedlung der Wisente leitet, sieht eine große Chance in dem Projekt im Rothaargebirge: „Wir alle wollen doch, dass die Prozesse auch bei uns wieder natürlicher ablaufen. Weg von uniformer, artenarmer Monokultur, hin zu mehr Vielfalt. Mit der Wiederansiedlung der Wisente werden wir einen entscheidenden Schritt tun", glaubt Uwe Lindner. „Mit Hilfe von Wisenten könnten wieder selbsttragende Ökosysteme entstehen", so die Vision des Biologen: „Eine reich strukturierte Landschaft, wie sie früher einmal bei uns existierte." Die mächtigen Wildrinder sollen selbst auf ökologische Weise Wege für andere Arten ebnen. Sie gehören zusammen mit anderen großen Pflanzenfressern zu den Schlüsseltierarten, die kraft ihrer Hufe und Mäuler die Waldlandschaft so gestalten, dass andere Pflanzen und Tierarten dort wieder Fuß fassen. Womöglich könnte im Bugschatten der Wisente gar eine ganze Reihe bedrohter Arten wieder einwandern, die ebenfalls in den für die Wildrinder so typischen, halboffenen, parkähnlichen Waldlandschaften leben. Das ist die Hoffnung einer Gruppe von Experten, die den Schlüssel zu solchen Ökosystemen in großen Pflanzenfressern sehen. International haben sie sich in der Large Herbivore Foundation (LHF) zusammengeschlossen, deren Ableger in Deutschland der Verein Taurus Naturentwicklung ist. Der gemeinsame Traum ist die Wiederansiedlung des Wisents.

Und wenn es gelingt, dass sich in unserer Gesellschaft wieder etwas mehr Gelassenheit gegenüber unseren einheimischen Wildtieren verbreitet, dann ist es auch möglich, einem solch faszinierenden Wesen wie dem Wisent wieder eine Heimat zu geben.

Wisentidylle in freier Wildbahn: In Deutschland soll 2007 die erste Freilandherde begründet werden.

Rasender Wildochse oder harmloser Zeitgenosse

Wisente werden mit Fug und Recht als Großwild bezeichnet. Mit ihrer beeindruckenden Statur sind sie aber alles andere als behäbig und ungelenk. Im Nu sind sie auf Fahrt und manövrieren im Galopp selbst durch dichteste Wälder, preschen mit bis zu 60 km/h durchs Gestrüpp und halten locker mit den vergleichsweise filigran wirkenden Rothirschen mit. Und sprunggewaltig sind die so massig erscheinenden Wildrinder auch, überqueren sie doch in einem Satz bis zu drei Meter breite Gräben und Bäche und überspringen selbst zwei Meter hohe Hindernisse. Während der Brunft im August und September scharren die Bullen mit ihren Hufen und zerfetzen mit ihren Hörnern Rinde und Äste kleinerer Bäume, knurren und brüllen mit heiseren Lauten. Imponiergehabe reicht meist aus, um den ranghöchsten Bullen auszumachen, der sich fortpflanzen darf. Selten kommt es zu Kämpfen, die zum Tod eines Kontrahenten führen können. Im Mai und Juni kalben die Kühe und sind dann ebenfalls sehr unduldsam. Wer sich dem 25 Kilogramm schweren Kalb nähert, wird von der Kuh attackiert, selbst wenn es nur ein Kaninchen ist, das daherhoppelt.

Eine Gefahr für Menschen?

Das sind beste Voraussetzungen, um einem Menschen das Gruseln zu lehren. Muss man also künftig bei einer Wanderung durchs Rothaargebirge um sein Leben bangen? Dürfen sich Pilzsammler, Jogger und Wanderer der Region schon mal auf heranstürmende Wisente einstellen, die nichts anderes im Sinn haben, als einen mit den Hörnern durch die Luft zu wirbeln und mit den Hufen niederzutrampeln? „Überhaupt nicht", sagt Uwe Lindner. „Solche Vorstellungen sind völlig irrational. Die Bosheit und Gefährlichkeit von Wisenten gehört ins Reich der Märchen. Sie rennen genauso wenig Menschen über den Haufen wie ein Rothirsch durch die Gegend läuft und Wanderer aufspießt. Ein Rothirsch mit seinem Riesengeweih hat ja so gesehen auch lauter Dolche auf dem Kopf. Und doch passiert überhaupt nichts und kein Mensch kommt auf den Gedanken, nicht in den Wald zu gehen, weil dort nun Rothirsche leben. Nein, der Wisent ist scheu und hält eine so hohe Fluchtdistanz ein, dass es schon eher wie ein Sechser im Lotto ist, überhaupt einen Wisent zu Gesicht zu bekommen."

Steckbrief Europäischer Wisent/Bison *(Bison bosanus)*

Körpermaße	Weibchen (Kuh): Körperlänge 240–260 cm; Schulterhöhe 150–170 cm; Gewicht 320–540 kg. Männchen (Stier): Körperlänge 280–300 cm; Schulterhöhe 180–200 cm; Gewicht 560–1000 kg.
Merkmale	Massiger und schwerer Körperbau, gesenkter Kopf, breite Stirn mit kurzen Hörnern (beide Geschlechter). Dunkelbraunes Fell, die Haare der vorderen Körperhälfte werden wesentlich länger als am Hinterteil. Von der Gestalt her hochbeiniger, schlanker und weniger gedrungen als der amerikanische Bison.
Sinne	Ausgeprägtes Gehör und guter Geruchssinn. Sieht auch gut.
Nahrung	Pflanzenfresser und Wiederkäuer, benötigt täglich 60 kg Pflanzen, ein Mix aus Kräutern, Gräsern, Blättern, Früchten und Gehölztrieben und Rinde.
Feinde	Wölfe, Bären und Luchse können Wisentkälber und Halbwüchsige erbeuten, im engen Herdenverband sind Jungtiere aber recht gut geschützt.
Alter	20–28 Jahre.
Lebensraum	Ehemals verbreitet von der Bretagne bis zum Ural. Bevorzugt halboffene Landschaften. Bildet Herden mit 5 bis 20 Tieren, alte Bullen häufig Einzelgänger oder in Kleingruppen. Standorttreu, Aktionsradien von 50 bis 150 Quadratkilometern.

Biber ohne Grenzen

Um den Rhein hat ein Wettrennen der Biber begonnen: Von Westen her wandern Nager der Unterart *Castor fiber osteuropaeus* auf den großen Fluss zu. Diese Woronesch-Biber stammen ursprünglich aus den Strömen Zentralrusslands und nicht aus den Gebirgsbächen von Eifel und Ardennen. In den 80er Jahren wurden sie aber in Nebenflüssen der Rur in Nordrhein-Westfalen ausgesetzt. Damals lebten in der Region weit und breit keine der Großnager mehr, weshalb man Biber aus Osteuropa importierte.

Unter den Revier-Wettbewerbern um den Rhein sind auch kanadische Biber – *Castor canadensis*. Deren Vorfahren wurden Anfang der 30er Jahre nach Finnland verschifft. Sie waren dort ziemlich fruchtbar und eroberten bald das ganze Land. Klammheimlich wanderten sie auch weiter nach Schweden, wo sie sich in der Umgebung von Karlstadt niederließen und sich unter die heimischen Biber mischten.

Dort wurden in den 60er Jahren skandinavische Biber, *Castor fiber fiber* für ein deutsches Wiederansiedlungsprojekt eingefangen, wobei möglicherweise auch kanadische Biber mit eingepackt wurden. Denn äußerlich sind die zwei Arten nicht leicht zu unterscheiden. Von Skandinavien wurden Biber nach Bayern gebracht und in der Donau und am Inn freigelassen. Der Enthusiasmus der Artenschützer verursachte bald einen regen Biberaustausch. In Autokof-

Männchen oder Weibchen? Bei Bibern lassen sich die Geschlechter so gut wie gar nicht unterscheiden.

ferräumen „wanderten" Biber in den Spessart und ins Saarland. Die bayerischen Biber wurden in den 1990er selbst zum Exportschlager, denn sie vermehrten sich prächtig. Um Konflikte mit Landwirten, Fischteichbesitzern oder auch Klärwerksbetreibern zu entschärfen, fingen die bayerischen Bibermanager die Tiere, die sich an Konflikt-standorten niedergelassen hatten, ein und brachten sie in neue Lebensräume. Auf diese Weise gelangten Biber auch nach Kroatien, Ungarn, Rumänien und nach Belgien. Selbst in Spanien wurden so die „Castores" nach über 200 Jahren der Abwesenheit wieder heimisch. Von Nordosten nähern sich Elbe-Biber – *Castor fiber albicus* – dem Rhein. Diese Subspezies war einst in ganz Mitteleuropa heimisch, besiedelte alle Flüsse zwischen Polen und Frankreich, wurde aber vom Menschen ausgerottet. Allerdings nicht ganz. An der Mittleren Elbe in Sachsen-Anhalt hatte sich eine kleine Kolonie gehalten. 1947 waren nur noch 200 Elbe-Biber übrig. Diese Tiere wurden zum Aushängeschild des DDR-Naturschutzes. Auch in Westdeutschland stieg mit dem Naturschutzempfinden das Interesse an einer Wiederansiedlung von Bibern. Aber selbst der Austausch von Tieren zwischen beiden deutschen Staaten war zu jener Zeit ein Politikum. Nur über den kleinen Grenzverkehr gelangten dann und wann einige Elbe-Biber in die Bundesrepublik.

Biber Einmaleins

Es sind also vier verschiedene Biberspezies, die sich in Deutschland ausbreiten und aufeinander zu wandern. Wenn die Biber aufeinanderstoßen, werden sie sich herzlich wenig um die Herkunft des anderen kümmern, sondern jeder wird versuchen, sofort ein Revier zu besetzen und den anderen zu vertreiben – es sei denn, das Gegenüber ist ein Weibchen. Das Durcheinander an Biber-Gruppen – oder Taxa, wie die Wissenschaftler die verschiedenen Arten und Unterarten benennen – ist groß. Und um das Chaos perfekt zu machen, stößt sogar noch eine fünfte Biber-Unterart hinzu: Neben den skandinavischen, russischen, kanadischen und Elbe-Bibern wandern aus südwestlicher Richtung die so genannten Rhône-Biber *Castor fiber galliae* Richtung Rhein.

Vielfalt oder Einfalt?

Deutschland als Land der „Multikulti-Biber"? Für den Laien erschließt sich das Problem, das sich dahinter verbirgt, nur schwer. Daher zunächst ein kurzer Blick auf die Systematik der Biber-Gattung mit ihren verschiedenen Arten und Unterarten, die aber recht umstritten sind: Der Kanada-Biber *Castor canadensis* und der Eurasische Biber *Castor fiber* werden als eigenständige Arten unterschieden, der Eurasische Biber von einigen Wissenschaftlern nochmals in acht Unterarten aufgeteilt, wobei der Elbe-Biber als einzige mitteleuropäische Subspezies gilt. Im Verhalten unterscheiden sie sich allerdings nicht großartig voneinander: Alle Biber leben nur an Gewässern, fressen ausschließlich Pflanzen und haben von Geburt an die Profession des Landschaftsarchitekten im Blut. Dem Kanada-Biber wird allerdings nachgesagt, dass er ein ausgeprägteres, der Rhône-Biber ein geringeres Bestreben habe, Dämme zu errichten. Auch vom Aussehen her unterscheiden sie sich kaum: Die russischen Biber sind an ihrem annähernd schwarzen Pelz zu erkennen, die Elbe-Biber sind zwar heller und etwas kleiner, was allerdings ohne direkten Vergleich nur schwer als Unterscheidungsmerkmal ausreicht. Und die Kanada-Biber gelten als die fruchtbarsten von allen – womit es zu den genetischen Unterschieden geht: Der *Castor canadensis* hat nur 40 Chromosomen im Zellkern, alle seine eurasischen Vettern dagegen 48. Daher wird der Kanada-Biber in der Systematik auch als eigenständige Art vom eurasischen Biber abgegrenzt, denn fruchtbare Nachkommen können beide nicht miteinander zeugen.

Ein Bär von einem Nager

Manch einer hat bei diesem Nagetier das Bild einer „größeren Wasserratte" vor Augen. Biber sind aber ganz schöne Schwergewichte,

Ausrottung durch Hybridisierung

Was sind die ökologischen Folgen, wenn ortsfremde – wissenschaftlich allochthone – Arten ausgesetzt werden?
„Es kann zu einer Verringerung der Biodiversität kommen, also einer Abnahme der Artenvielfalt", sagt Walter Durka, Biologe am Umweltforschungszentrum (UFZ) in Leipzig: „Salopp ausdrückt, es wird alles ein Einheitsbrei." Walter Durka, der sich speziell mit den acht Unterarten des eurasischen Bibers befasst hat, erklärt das so: „Eine Möglichkeit ist die Verdrängung. So geschehen in Finnland, wo die ausgesetzte, ortsfremde Art – der Kanada-Biber – die einheimische Art vollständig aus dem Lebensraum verdrängt hat. Zweite Möglichkeit. Es kommt zu einer genetischen Vermischung der verschiedenen Arten, was auch wiederum zum Erlöschen einer ehemals eigenständigen Spezies führt."
Aber hat das Auffrischen des Genpools durch diese Mischung nicht auch was für sich? „In der Tat, womöglich tritt der so genannte Heterosis-Effekt ein: Die Nachkommen der miteinander vermischten Unterarten, die Hybriden, könnten biologisch fitter sein als ihre Eltern", sagt Walter Durka, „möglicherweise breiten sie sich dann noch schneller aus. Aber dieser Effekt ebbt bei den nächsten Generationen schnell wieder ab. Und die ehemals eigenständige Unterart wäre dann unwiederbringlich verloren."

schließlich werden sie mit einem Körpergewicht von bis zu 35 Kilogramm doch um einiges schwerer als ein Reh. Dabei sind sie von der Gestalt her nur etwa dachsgroß, ihre maximale Körperlänge beträgt 135 cm. Typisch ist der breite abgeplattete Schwanz, der mit einer lederartigen Haut bedeckt ist, die an Fischschuppen erinnert. Männchen und Weibchen sind äußerlich kaum zu unterscheiden, Hoden und Penis des Bibermännchens sind in den Körper verlagert. Nur bei säugenden Weibchen sind die angeschwollenen Zitzen zu erkennen.

Biber sind hervorragende Schwimmer, sie treiben sich mit ihren Hinterfüßen paddelnd voran – die Zehen sind durch Schwimmhäute verbunden – und nutzen ihren Schwanz nur als Höhensteuerruder. Dabei können sie bis zu 20 Minuten tauchen. Ihr Schwanz dient aber auch zur Wärmeregulation und Kommunikation, bei Gefahr schlagen sie ihn wie eine Kelle aufs Wasser. Die Paarung der Biber findet zwischen Januar und März unter Wasser statt. Nach knapp über drei Monaten kommen in der Biberburg zwei bis fünf voll entwickelte, bis zu einem halben Kilo schwere Junge zur Welt. Sie bleiben lange unter der elterlichen Fürsorge und werden erst nach zwei bis drei Jahren vertrieben. Dann suchen sie sich ein eigenes Revier und einen Partner. Dabei wandern sie auch bis in die Quellgebiete der Flüsse, wechseln auf dem Landweg über die Wasserscheide und setzen so in benachbarten Flussläufen ihre Wanderung fort. In freier Wildbahn werden sie etwa 15 Jahre, in Gefangenschaft bis zu 25 Jahre alt.

Größte Gefahr: Wasser

Erwachsene Biber haben in Europa kaum natürliche Feinde. Ausnahmsweise würden Wolf, Bär und vielleicht der Luchs einen Biber erlegen, wenn sie ihn an Land erwischen. Jungbiber müssen an Land noch den Fuchs und den Uhu fürchten. Seeadler können sogar Jungtiere im Flug aus dem Wasser greifen. Auch der Mink und der Fischotter sollen gelegentlich Biberjunge erbeuten. Die hohe Jungensterblichkeit ist letztendlich vor allem auf reißendes Hochwasser und Nahrungsknappheit zurückzuführen.

Der Biber kann leicht mit der Nutria *(Myocastor coypus)* verwechselt werden, die auch Biberratte oder Sumpfbiber genannt wird. Die Nutria stammt aus Südamerika und wurde Anfang des 20. Jahrhunderts zur Pelzgewinnung und zur Bereicherung der Speisekarte nach Deutschland gebracht. Ausgesetzte und entkommene Tiere begründeten zahlreiche Freilandvorkommen, deren Ausbreitung anhält. Nutrias sehen dem Biber zwar ähnlich, sind mit einem halben Meter Körperlänge aber wesentlich kleiner. Ihr Schwanz ist rund und nicht abgeplattet.

Eindeutig das
Werk eines Bibers:
Bäume bis zu
10 cm Durchmes-
ser können die
Tiere innerhalb
einer Nacht um-
nagen.

Wirklich ein Holzfresser?

Die Nahrung der Biber sorgte schon immer für Verwirrung. Früher glaubte man gar, dass sie auch Fische, Muscheln oder Schnecken fressen würden, was auf der Verwechslung mit Fischottern beruht. Biber sind reine Vegetarier. Sie verspeisen im Sommer hauptsächlich Wasserpflanzen, Wurzeln und Kräuter entlang der Ufervegetation. Auch Klee, Mais, Rüben, Getreide oder Obst verschmähen sie nicht. Im Winter weichen sie mangels zarter Triebe vor allem auf Weichhölzer wie Weiden und Pappeln aus. Dazu fällen sie noch im Sommer die belaubten Bäume, nagen bis zu zwei Meter lange Äste ab und legen unter Wasser Nahrungsdepots an. Da Biber keinen Winterschlaf halten, jedoch bei eisiger Kälte wochenlang im Bau ausharren müssen, können sie sich dann an Grünzweigen aus ihrem „Kühlschrank" bedienen, den sie unter Wasser angelegt haben. Tatsächlich ist Holz für Bibermägen unverdaulich, sie verwerten nur die Blätter und die Rinde der Äste.

Baumeister Biber

Biber fressen zwar kein Holz, aber sie können mit ihren scharfen Zähnen, die lebenslang nachwachsen, selbst härtestes Eichenholz durchnagen. So fällen sie ohne Probleme Bäume mit Durchmessern von über einem halben Meter. Aber Biber nagen die Bäume nicht

nur durch, um an Nahrung zu gelangen. Einige Bäume bringen sie nur zum Absterben, indem sie sie systematisch ringeln. Das bedeutet, dass die Tiere ringförmig die Rinde im unteren Bereich des Baumes abziehen. Dabei wird die Wachstumszone (das so genannte Kambium) verletzt und der Baum stirbt. Als Folge gelangt mehr Licht auf den Boden und es sprießen wieder mehr junge Triebe. Außerdem nutzen Biber Bäume auch für ihre wasserbaulichen Aktivitäten. Die Fallrichtung können sie aber nicht beeinflussen, die ist reiner Zufall. Die Bäume landen nur deshalb häufig bibergerecht im Wasser, weil Uferbäume auch gerne mit einem Übergewicht Richtung Wasserfläche wachsen. Gezielter geht der Biber beim Dammbau vor. Er legt Staudämme an, wenn die Wassertiefe nicht ausreicht, um sich schwimmend oder tauchend fortzubewegen. Außerdem wird vermutet, dass das Wasserrauschen Bauaktivitäten auslöst. Von diesem Geräusch scheint er wie in den Bann gezogen zu werden und beginnt sofort, mit Holz, Steinen und Schlamm einen Damm zu bauen, der bis zu 100 Meter breit sein kann. Oder er dichtet einen bestehenden Damm wieder ab. Dadurch staut er kleine Fließgewässer zu regelrechten Seen auf, in denen er dann bequem seine Biberburg anlegen kann. Wichtig für sein Wassergrundstück ist eine Wassertiefe von etwa einem Meter: Das gewährleistet, dass der Grund des Sees auch im Winter nicht zufriert und der Eingang zu seinem Bau zum Schutz vor Feinden unterhalb der Wasseroberfläche angelegt werden kann. An Flüssen gräbt der Biber meist Erdbaue in die Uferböschung, Steigt aber infolge eines Dammbaus der Wasserstand an, so werden die Uferbaue, von denen eine Biberfamilie auch durchaus mehrere besitzen kann, überflutet. Dem Biber bleibt also nichts anderes übrig, als seinen Wohnkessel höher zu verlegen. Dazu trägt er über dem Erdbau einen Haufen aus Hölzern, Pflanzenmaterialien und Schlamm zusammen, wohinein er anschließend von unten seinen geräumigen Wohnkessel gräbt, so dass er oberhalb des Wasserspiegels im Trockenen liegt. Dasselbe Prinzip wenden die Biber übrigens auch dann an, wenn sie sich in Seen und Sümpfen ihre zum Teil mehrere Meter hohen und breiten Biberburgen anlegen.

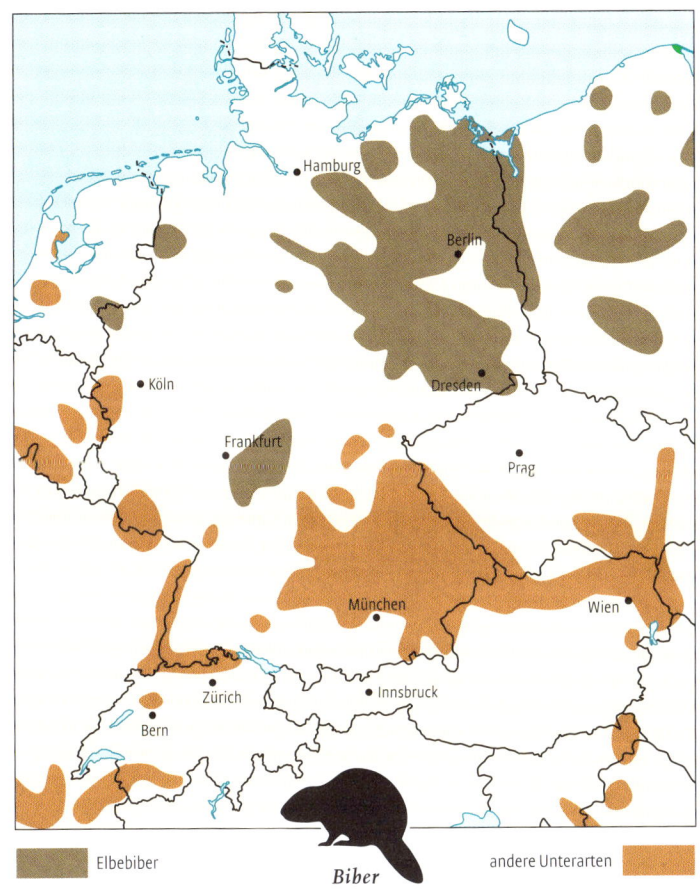

Elbebiber   *Biber*   andere Unterarten

Biber und Mensch

Früher war der Eurasische Biber von den Pyrenäen bis Sibirien verbreitet. Der Mensch jagte ihn gnadenlos, da er auf seinen Pelz, das Fleisch und das Bibergeil versessen war. Der Pelz war insbesondere von Hutmachern sehr begehrt, denn mit einer Dichte von über 23 000 Haaren pro Quadratzentimeter ist Biberfell ein perfekter Isolator. Zum Vergleich: Der Mensch hat nur bis 600 Haare pro Quadratzentimeter. Das Biberfleisch war wiederum eine beliebte Fastenspeise. Dank des fischschuppenartigen Schwanzes hatten Theologen Biber kurzerhand zum Fisch erklärt, sodass sein Fleisch ein willkommener Leckerbissen in der kargen Fastenzeit wurde. Das Bibergeil, oder Castoreuem, produzieren Biber in zwei Drüsensäcken, den so genannten Castorbeuteln. Mit dem harzigen Sekret pflegen sie ihr Fell und machen es wasserabweisend. In der Medizin wurde Bibergeil bis ins 19. Jahrhundert gegen Krämpfe, hysterische Anfälle und Nervosität verabreicht. Schon in der gräco-romanischen Antike wurde die Substanz gegen Epilepsie eingesetzt. Die medizinische Wirkung wird durch die enthaltene Salicylsäure (Inhaltsstoff der Weidenrinde) erzielt. Noch heute spielt Bibergeil in der Homöopathie eine gewisse Rolle und ist als Tinktur in Apotheken erhältlich.

Rückkehr des Bibers

Schon im 17. Jahrhundert hatte es in einigen Gebieten in Deutschland, wo der Biber bereits ausgerottet war, Wiederansiedlungsversuche gegeben. Allerdings mehr aus wirtschaftlichen Interessen, Biberpelz war immer noch begehrt. In den 30er Jahren starteten Schweden und Finnland die ersten größeren Ansiedlungsprojekte, damals auch mit Kanada-Bibern, die sich in Finnland durchsetzten. Um den Erhalt der letzten Biber in Deutschland setzten sich Anfang des 20. Jahrhunderts der Dessauer Professor Hermann Friedrich, der Biberforscher Gustav Hinze und der Amtmann Max Behr aus Steckby ein. Gemeinsam sorgten sie dafür, dass die an der Mittelelbe verbliebenen Biberbestände erfasst und unter Naturschutz gestellt wurden. Bereits 1920 hatte der „Bibervater" genannte Max Behr in Steckby in Zusammenarbeit mit dem Bund für Vogelschutz, dem heutigen NABU, eine Station zum Vogel- und Biberschutz eingerichtet. 1923 entstand dann unter Hinzes Leitung im Dessauer naturkundlichen Museum die „Zentrale für Biberforschung". Hinze war es auch, der durch seine beharrliche Arbeit nach Ende des Zweiten Weltkriegs die Grundlage für den Biberschutz in der DDR legte. Im Westen Deutschlands begann man in den 1960er Jahren mit Wiederansiedlungen. Zunächst waren viele Experten skeptisch. Man glaubte, Biber könnten in der modernen Kulturlandschaft nicht mehr überleben, die Flüsse seien zu verbaut, kanalisiert und zu verdreckt. Doch das erwies sich als Irrtum. Biber sind anpassungsfähig, überleben

selbst in Abwasserkanälen und gestalten zudem ihre Umgebung nach ihrem Geschmack. Selbst im Stadtgebiet von Berlin haben sich Biber angesiedelt. In Bayern leben heute allein wieder über 8000 Biber, die Elbe-Biber erwiesen sich ebenfalls als fit genug und zählen wieder einige Tausend Individuen. Für diese Unterart trägt Deutschland die alleinige Verantwortung, über 95 Prozent des Gesamtbestandes leben bei uns. Was die Herkunft der Biberspezies betrifft: In ganz Europa will man künftig ausschließlich ortstypische Biber auswildern. Der Kanada-Biber konnte sich in Deutschland überraschenderweise nicht durchsetzen, er wird nur vereinzelt angetroffen. Allerdings ist mit einer Vermischung (Hybridisierung) der bereits ausgesetzten russischen, skandinavischen, mittel- und westeuropäischen Unterarten in naher Zukunft – vor allem im Westen und Süden Deutschlands – zu rechnen. Eine explosionsartige Vermehrung ist entsprechend in diesen Regionen nicht ausgeschlossen.

Das beste Erkennungsmerkmal eines Bibers ist der breite, abgeflachte Schwanz, der mit einer fischschuppenartigen Lederhaut überzogen ist.

Fluch und Segen

Biber sind eine Schlüsselart wie Ökologen es bezeichnen. Eine Tierart, die einen Lebensraum beeinflussen und gestalten kann und damit den Weg öffnet für andere Tierarten. Und seitdem der Mensch erkannt hat, dass begradigte, kanalisierte Flüsse nicht der Weisheit letzter Schluss sind, weiß er auch die architektonische Seite des Bibers zu schätzen. Zum einen schafft der Biber Auenlandschaften, welche wiederum Lebensraum für viele bedrohte Tierarten sind. Zum anderen bieten nach Bibermanier gestaltete Flüsse den besten Hochwasserschutz. Wenige Biberfamilien als Bauarbeiter an einem Fluss können also Unsummen für ökologische Rückbaumaßnahmen einsparen.

Biber bergen aber auch Konfliktpotential: Sie stauen Entwässerungsgräben, fluten ganze Ackerflächen, fällen Obst und Nutzgehölze und ernähren sich dazu noch von Feldfrüchten. Biber in Stadtgebieten sorgen bei den Wasserbehörden für Kopfschmerzen: Biber sind in einem Ufersaum von 50 Metern beherrschend aktiv. Da unsere Kulturlandschaft aber häufig bis an die Flüsse heranreicht, sind Konflikte programmiert. Ein Management ist dort, wo Biber siedeln, also notwendig. Etwa durch Beratung und finanzielle Entschädigung. Im äußersten Fall können Biber auch eingefangen und umgesiedelt werden. Wobei dies nur kurz Abhilfe schafft, da schon der nächste Biber in den Startlöchern sitzt, um das nun leere Revier zu besetzen. Obwohl eine gut durchdachte Strategie zum friedlichen Nebeneinander von Mensch und Biber entwickelt werden muss, sollte es uns die Mühe wert sein, diesen Uferbewohner vollständig zu integrieren, sodass er bald wieder überall zum vertrauten Bild an den Flüssen und Seen unserer Landschaft gehört.

Steckbrief Biber *(Castor fiber)*

Körpermaße	Weibchen: Körperlänge mit Schwanz 90–135 cm; Schulterhöhe 25–35 cm; Gewicht 20–35 kg.
	Männchen: Körperlänge mit Schwanz 80–130 cm; Schulterhöhe 20–30 cm; Gewicht 17–32 kg.
Merkmale	Großer gedrungener Nager, Schwanzkelle waagerecht abgeplattet, bis zu halber Körperlänge und von fischschuppenartiger, lederner Haut überzogen. Fell rotbraun bis annähernd schwarz, lange gelblich-braune Nagezähne.
Sinne	Augensinn nur mäßig, Geruchssinn gut ausgeprägt. An Land vor allem auf sein gutes Gehör vertrauend.
Nahrung	Pflanzenfresser: Wasserpflanzen, Wurzeln, Kräuter, Obst, Feldfrüchte, Rinde und Blätter junger Weichholztriebe.
Feinde	Alttiere haben kaum Feinde und verteidigen sich notfalls vehement, gefährlich werden ihnen Bär, Wolf und Luchs. Jungtiere sind auch durch Greifvögel, Uhu, Fuchs, Fischotter und Nerz gefährdet.
Alter	17–25 Jahre.
Lebensraum	In Gewässernähe, in Seen, Sümpfen, Teichen, Flüssen, Bächen, selbst an kleinen Entwässerungskanälen oder Kläranlagen, auch in Stadtgebieten. Wichtig sind Weichholzbestände, wie Weiden, Pappeln, Erlen, geschätzter Bestand in Deutschland inzwischen über 18 000 Biber.

Die Rückkehr der großen Greife

Eine Prozession bunt gekleideter Busausflügler schob sich mit großem Hallo die Treppen des Käflingbergturms hinauf. Ich blickte unentschlossen auf das schwere Stahlgerüst – der zweifellos grandiosen Aussicht in über 30 Metern Höhe stand ein mir unerträglicher Besucherandrang entgegen. Laut-fröhliche Touristen passten so gar nicht in meine Vorstellung vom Natur-Erlebnis, mit dem ich zum Nationalpark Müritz aufgebrochen war. Mein Gräuel über die Bustouristen legte sich etwas, als ich endlich die Aussichtsplattform erreichte. Ich musste eingestehen, dass bei diesem Ausblick Begeisterungsbekundungen verständlich waren – wenn sie auch dezenter hätten ausfallen können. Der Kegelberg ragt aus der leicht welligen Landschaft der Mecklenburger Seenplatte heraus. Vom Turm konnte man kilometerweit über Kiefernwälder, Seen und steppenartige Blößen blicken.

Er schien aus dem Nichts gekommen zu sein, ein Schatten, der sich urplötzlich aus dem dunklen Waldhintergrund gelöst hatte. Er schoss genau auf den Turm zu, kippte dann zur Seite und segelte eine weite Kurve. Nun war er genau in Höhe der Plattform. In der Abendsonne waren sein schneeweißes Schwanzgefieder und der helle Kopf mit dem starken gelben Schnabel deutlich zu sehen, im Kontrast dazu die dunklen Federn, die sich wie ein Band von einer Flügelspitze zur anderen zogen.

Ich hatte zwar noch nie zuvor einen Seeadler gesehen und mich immer gefragt, ob ich ihn wohl erkennen würde: Aber jetzt, wo ich diesen gewaltigen Vogel vor Augen hatte, war alles klar. Fantastisch,

Flügel breit wie Schalbretter, weißer Keilschwanz und ein mächtiger gelber Schnabel: Der Seeadler.

mit welcher Leichtigkeit der Seeadler seine weiten Kreise zog und wie atemberaubend schnell er an Höhe gewann und im Aufwind dahinsegelte. Ich war derart begeistert, dass ich alles um mich herum vergaß. „Ein Seeadler. Mein erster Seeadler!" Mein aufgeregtes Geschrei übertraf wohl den durchschnittlichen Touristenlärm auf der Plattform bei weitem. Eine Klappe öffnete sich in der Decke und aus der Etage oberhalb der Aussichtsplattform stieg in schweren Wanderschuhen und mit Fernglas ein Parkaufseher mit väterlichem Lächeln die Treppen herab. Ich ahnte, was er dachte.

Vom Wappentier zur begehrten Jagdtrophäe

In Ekstase brechen wohl nur noch wenige aus beim Anblick eines Seeadlers, obwohl jede Sichtung immer wieder ein Erlebnis ist. Im norddeutschen Himmel lässt sich unser Wappenvogel wieder recht häufig blicken. Wobei – eigentlich kann niemand mehr genau sagen, ob nun der Seeadler oder der Steinadler Pate für den Bundesadler stand. Dazu müsste man Karl den Großen befragen. Er ließ um 800 einen Adler als Reichswappen für seine Pfalz in Aachen schmieden und begründete damit die Tradition des deutschen Wappentiers. Im Mittelalter folgten viele Adelsgeschlechter diesem Vorbild und zierten ihre Banner mit Adlern in allen Formen und Farben. Ornithologische Exaktheiten interessierten sie weniger. Adler, das waren große Greifvögel, mutig und kühn, über alles kreisende Herrscher. Aber ob nun Seeadler, die im braunen Jugendkleid ihren Vettern aus den Bergen sehr ähnlich sehen, oder eben der Steinadler? Die Frage ist doch, wie Adler bei dieser Verehrung in der Gunst der Menschen so abstürzen konnten? Wie so häufig war es der „Futterneid" – man sah in den Greifvögeln Nahrungskonkurrenten, die mit jeder erbeuteten Ente den eigenen Jagderfolg schmälerten. Ja, man warf den großen Greifen vor, sie würden die „nützliche" Tierwelt gefährden. Vor 150 Jahren steuerte die unselige Kampagne gegen alle „Raubvögel" ihrem Höhepunkt zu. Für Naturschützer noch heute schwer fassbar, aber selbst der Zoologe Alfred Brehm, dem man den Beinamen „Tiervater" verlieh, beteiligte sich daran: „Alles zum Schutz der nützlichen Singvögel" rief er im illustrierten Familienblatt „Die Gartenlaube" auf, und blies mit ins Horn zum Sturm gegen das Raubgetier. Richtig in Schwung geriet die ganze Vogeljagd durch stattliche Kopfprämien. 1875 gab es für einen niedergestreckten „Gänseadler" oder „Fischgeier", wie der Seeadler bezeichnet wurde, 1,25 Goldmark. Als sich um 1900 endlich eine Gesinnung zu mehr Heimat- und Naturschutz durchsetzen konnte, war es beinahe schon zu spät. Im ehemals adlerreichen Mecklenburg brütete nur noch ein einziges Seeadlerpaar. Den Schutz aller Adlerarten verfügte zwar erst das Reichsjagdgesetz von 1934. Aber der Aufwind durch den wachsenden

Naturschutzgedanken hatte die Seeadler da längst wieder erfasst. Ohne den Jagddruck vermehrten sie sich bis 1950 auf 150 Brutpaare in Deutschland.

Geschäfte mit Adlereiern

Was selten ist, das ist begehrt. Das gilt für vieles und so erging es auch den Seeadlern. Als sich die Bestandszahlen Ende der 70er trotz aller Bemühungen immer noch nicht aus der Talsohle erheben wollten, bemerkten Vogelschützer den heimlichen Eierschwund in den Adlerhorsten. Seeadler waren mittlerweile bei Sammlern so begehrt, dass für ein Ei auf dem Schwarzmarkt für Tierartenhandel bis zu 1500 Mark gezahlt wurde. Viel Geld, das so manchen zu nächtlichen Kletteraktionen trieb. Wild entschlossene Vogelschutz-Aktivisten richteten sich in Campingbussen zur Rund-um-die-Uhr-Bewachung der Seeadlerhorste ein. Mit Stacheldraht bespickten sie die Horstbäume wie Hochsicherheitstrakte, und wer bei der Adlerhorstbewachung mitmachen wollte, der musste Aufnahmeprozeduren bewältigen, die denen eines Geheimdienstes würdig gewesen wären.

Verhängnisvolles Wundermittel

Da wurde die Adlerwelt ein zweites Mal vergiftet. Diesmal nicht mit Worten und Kopfprämien, sondern mit einem Gift der noch heimtückischeren Sorte: DDT – ein Insektizid. Es wurde damals als Wundermittel gehandelt. Die Landwirtschaft jubelte, endlich war Insektenfraß passé. Dem Entdecker des Wirkstoffs verlieh man 1948 den Nobelpreis. Doch mit dem Kontaktgift beseitigte man nicht nur lästige Stechmücken und Krabbelgetier. Bald stellte sich heraus, dass es unter anderem auch verheerend unter Greifvögeln wie Wanderfalke, Sperber, Habicht und eben auch Seeadler aufräumte. Dabei starben die Vögel nicht bei direktem Kontakt mit DDT. Das Gift gelangte schleichend über die Beutetiere in ihren Körper und sammelte sich dort an. Die Folgen waren neben Verhaltensstörungen vor allem Fehlbildungen – die Eierschalen wurden immer dünner. Die Eier zerbrachen buchstäblich unter der Last der Alttiere. Nach dem Verbot von DDT Anfang der 70er Jahre erholte sich der Bestand der Seeadler zunächst nur schleppend. In der Bundesrepublik zitterte man 1978 mit den letzten vier Adlerpaaren.

Der Seeadler im Aufwind

In Westdeutschland war Schleswig-Holstein die letzte Trutzburg der Seeadler, in der DDR stand Mecklenburg an der Spitze. Und Mitte der 80er fruchteten die Bemühungen. Ohne Jagddruck und Nestraub und mit nun wieder DDT-freier Nahrung legte auf beiden deutschen

Seeadler

dauerhaftes Vorkommen

Seiten die Zahl der Seeadler zu. Mit der Wiedervereinigung brach in den Seeadlerhorsten ein regelrechter Babyboom aus. War in den 70er Jahren nur jede sechste Brut erfolgreich gewesen, so schwangen sich in den 90er Jahren jährlich über hundert Jungvögel in den Himmel und jedes Jahr fanden 20 neue Paare zusammen. Waren es 1990 noch 185 gewesen, so zählte der WWF 2006 bei uns 531 Seeadlerpaare, nur in Polen brüteten auf EU-Gebiet noch etwa genau so viele wie bei uns. Die Deutsche Ornithologen-Gesellschaft rechnet bis 2015 mit 700 Paaren, dann dürfte der Luftraum für weitere Seeadler bei uns aber eng werden. Die Populationsdichte bewirkt, dass die Jungvögel abwandern und sich so nach Norden, Süden und Westen ausbreiten. Neben Thüringen, Niedersachsen und Bayern haben davon auch die Nachbarländer wie die Niederlande und Dänemark profitiert – der „Bundesadler" als Exportschlager.

Die ganze Pracht eines Seeadlers

Breitet ein Seeadler seine Flügel aus, so ist die Spannweite von zwei-einhalb Metern größer als eine normale Zimmerdecke hoch ist. Er ist damit der größte einheimische Greifvogel. Das Weibchen kann über 7 Kilogramm schwer werden. Wie bei vielen Greifvögeln ist das Seeadlermännchen um ein Drittel kleiner als das Weibchen, daher auch die Bezeichnung Terzel (ein Drittel) für männliche Greifvögel. Junge Seeadler sind noch dunkelbraun, ihr Schnabel ist dunkelgrau. Mit jeder Mauser werden sie den alten Tieren ähnlicher, mit sechs Jahren zeigen sie aber erst das Erwachsenenkleid mit den typisch weißen Schwanzfedern, dem hellen Kopfgefieder und dem gelben Schnabel. Ihre Nistplätze, die sogenannten Horste, bauen sie in alten Bäumen aus starken Ästen. Sie benutzen diese Horste über mehrere Jahre und bauen sie im Laufe der Zeit zu wahren Knüppelburgen aus mit bis zu einer halben Tonne Gewicht. Aus dem Gelege von einem bis zu drei Eiern schlüpfen nach knapp 40 Tagen die Jungen, die mit einem halben Jahr selbstständig sind. Seeadler sind so ge-nannte Standvögel, leben das ganze Jahr bei uns und können über 30 Jahre alt werden.

Auf der Suche nach leichter Beute

Im Pirschflug gleitet er über Gewässer und ergreift nahe der Ober-fläche schwimmende Fische. Aber er hat auch Vögel im Visier, im Tiefflug scheucht er Pulks von Wasservögeln auf. Er jagt ihnen nicht nach, sondern testet so vielmehr deren Fitness. Wer unachtsam oder

Seeadler jagen Fische. Aber auch Vögel stehen auf ihrem Speise-plan, vor allem im Winter, wenn die Gewässer zu-gefroren sind.

verletzt ist und zurückbleibt, den packt er. Tauchvögel jagt er mit einer ganz speziellen Technik. Er treibt sie durch permanente Anflüge so lange unter Wasser, bis sie erschöpft sind und nicht mehr wegtauchen können. Arbeiten Seeadler mit dieser Methode im Team, haben die Tauchvögel kaum Chancen zu entkommen. Neben Wasservögeln bis Gänsegröße schlägt er zwar auch Säugetiere bis hin zum Fuchs, er bevorzugt aber das leichte Beutemachen wie das Vertilgen von Aas und Schmarotzen. Er versteht sich darauf, anderen Vögeln wie Kormoran und Fischadler die Beute abzujagen und plündert auch gern deren Nester.

Schicksalsgemeinschaft Raubvögel

Annähernd alle großen Greif- und Eulenvögel ereilte in Deutschland das Schicksal des Seeadlers. Der Mensch stellte den verhassten „Räubern" nach, wo er konnte, mit Gift, Fallen und mit der Schrotflinte. Falken, Eulen und Adler hatten einen so schlechten Ruf in der Bevölkerung, dass zur Rettung vor der völligen Ausrottung zunächst einmal Feindbilder abgebaut werden mussten: Die Assoziationen, die man allein schon bei dem Namen „Raubvögel" hatte, war nicht förderlich: So wurden sie kurzerhand zu Greifvögeln umbenannt. Um das Image nachhaltig ins rechte Licht zu rücken, stand als nächster Schritt Aufklärungsarbeit an. „Nur was man kennt, kann man auch schützen", lautete der Grundsatz. In vielen Köpfen in der Bevölkerung spukten noch weit bis ins 20. Jahrhundert hinein Horror-Bilder von Adlern, die Kinder in die Lüfte entführten oder von Geiern, die Lämmer schlugen. Heute schütteln wir vielleicht den Kopf über solche Märchen, aber woher wissen wir es besser? Weil einige antraten, diesen Aberglauben auszumerzen. Aber selbst die Experten konnten bei vielen Fragen nur mit den Schultern zucken. Um die Wissenslücken über das Leben der Greifvögel zu schließen, standen akribische Studien an. Im 19. Jahrhundert begann man mit der Beringung von Vögeln. Anhand individuell nummerierter und farbkodierter Metallringe konnte fortan jeder Vogel weltweit identifiziert werden. Beobachteten Forscher in den Sümpfen Nigerias zum Beispiel einen Fischadler beim Jagen mit dem Fernglas, verrieten Mecklenburger Ringfarben am Bein des Greifvogels, wo er den Sommer verbracht hatte. Ornithologen lernten in Vogelausscheidungen zu lesen wie in einer Menükarte. Erst die Knochen im Gewölle eines Uhus brachten Erkenntnisse über die nächtlichen Jagdgewohnheiten. Unzählige Detailinformationen landeten so im Laufe der Jahre auf den Tischen der Experten, die sie wie ein Puzzle zusammenfügten. Schließlich entstand ein Gesamtbild der faszinierenden Greifvögel. Auch heute noch streifen regelmäßig 5000 Vogelkundler durch die Felder und sammeln alle möglichen Informationen aus der Welt der Vögel: von der kleinsten Feder bis hin zur Beobachtung der Vogelschwärme. Und an die 60 000 Hobby-Ornithologen helfen mit ihren Hinweisen, mehr über das Leben der Greifvögel zu erfahren. Die Lobby der Greifvögel ist im Laufe der Zeit gewachsen: 390 000 Mitglieder zählt allein der Naturschutzbund Deutschland, der Anfang des 20. Jahrhunderts aus einer Handvoll Mitglieder aus dem Bund für Vogelschutz hervorging. Geradezu enthusiastisch, was Vogelliebe angeht, ist man in England: Die Zahl der Mitglieder der englischen Vogelschutz-Vereinigung der Royal Society for the Protection of Birds (RSPB) zählt über eine Million Mitglieder.

Steckbrief Seeadler *(Haliaeetus albicilla)*

Körpermaße	Weibchen: Körperlänge 87–95 cm; Flügelspannweite 230–250 cm, Gewicht 3,9–7,5 kg. Männchen (Terzel): Körperlänge 78–85 cm; Flügelspannweite 200–220 cm; Gewicht 3,2–5,4 kg.
Merkmale	Sehr großer, schwerer, dunkelbrauner Vogel, nahezu rechteckige Flugsilhouette. Altvogel mit starkem gelben Schnabel und weißem Schwanz (Stoß). Flügeldecken hellbraun vom dunkelbraunen Band der oberen Schwung- und oberen Schwanzfedern abgesetzt. Jungvögel während der Entwicklung dunkelbraun. Auch deren Schnabel- und Augenfarbe wechselt erst im Alter allmählich von Braun zu Gelb.
Sinne	Adleraugen, wie auch Greifvogelaugen allgemein, haben eine bis zu siebenfach stärkere Sehkraft als das menschliche Auge, auch Geruchs- und Gehörsinn sind gut ausgebildet, obwohl diese Sinnesorgane äußerlich kaum zu erkennen sind.
Nahrung	Fleischfresser, vor allem Fische und Wasservögel, auch Säugetiere bis Fuchsgröße. Häufig Aas und Nahrungsschmarotzer bei anderen Großvögeln.
Feinde	Keine. Revierkämpfe können aber bis zum Tod eines Kontrahenten geführt werden. Manchmal Nestraub der Jungvögel durch Baummarder, Uhu, Habicht oder Kolkrabe.
Alter	20–30 Jahre, der bisher älteste Adler war 42 Jahre alt.
Lebensraum	Verbreitet von Europa bis Asien. Bei uns Standvogel. Lebt in Gewässernähe, am Meer, Seen und großen Flüssen. Braucht alte Bäume als Horstplatz. Derzeit bei uns über 530 Seeadlerpaare.

Der Uhu – Zeiten voller Licht und Schatten

Um Vögel effizient zu jagen, ersann der Mensch seit jeher perfide Methoden, wie im Falle des Uhus etwa die „Hüttenjagd." Dazu muss man wissen, dass Greifvögel und Eulen Todfeinde sind. Denn Uhus erbeuten bei ihren nächtlichen Jagdzügen nicht selten Greifvögel. Er überrumpelt die ebenbürtigen Tagjäger einfach im Schlaf. Tagsüber zieht sich der große Eulenvogel auf einen Schlafbaum zurück. Er vertraut auf seine Tarnfarben und bleibt stocksteif im Geäst sitzen. Bloß nicht zu viel Aufmerksamkeit erregen, heißt dann seine Devise. Er tut auch gut daran, denn wenn Greifvögel ihren ärgsten Feind entdecken, attackieren sie ihn erbittert. Dieses so genannte „Hassen" machten sich Jäger zu Nutze. Sie nahmen junge Uhus aus den Nestern und banden sie an Pflöcken an weithin ersichtlichen Plätzen. Nicht lange, und die scharfäugigen Greifvögel hatten die Eulen entdeckt. Wenn sie dann die Jungtiere „anhassten", also angriffen, konnten Jäger sie aus einer Hütte heraus bequem abschießen. Wie begehrt diese Jagdmethode war, zeigt ein Angebot einer Tierhandlung in Ulm aus dem Sommer 1914. Sie bot 83 aus der Umgebung ausgehorstete Junguhus für die Hüttenjagd zum Verkauf an. Diese Jagdmethode führte somit zur Dezimierung der Greifvögel wie auch der Uhus selbst. 1960 schätzten Naturschützer, dass in ganz Deutschland nur noch 40 Uhupaare lebten.

In dieser bedrohlichen Lage starteten Vogelfreunde ein Projekt zum Schutz der Uhus: Sie wollten Tiere auswildern, um den Bestand zu stärken. Die Zoologischen Gärten, die nach dem Verbot der Hüttenjagd viele „arbeitslose" Hüttenuhus aufgenommen hatten, stellten Jahr für Jahr ihren Nachwuchs der „Aktion zur Wiedereinbürge-

Scharfsinniger Nachtjäger: Seine lichtempfindlichen Augen und sein gutes Gehör leiten ihn selbst bei Dunkelheit.

rung des Uhus" zur Verfügung. Waren irgendwo die Rufe eines einsamen Uhus zu hören, schafften die Vogelschützer den passenden Partner aus dem Zoo heran. Und wo immer möglich, setzten sie in die Nester brütender Tiere noch ein im Zoo geborenes Jungtier hinzu. So wurden zwischen 1974 und 1994 3000 Uhus ausgewildert. Das Projekt umfasste aber mehr als nur Auswilderung, Adoptionen und Eheanbahnung. Es mussten auch tückische Gefahren beseitigt werden: So verbrannten beispielsweise viele der Eulenvögel an Stromleitungen. Die Energieversorgungsunternehmen mussten für das Schutzprojekt gewonnen werden, die gefährlichen Mittelspannungsmasten uhufreundlich umzurüsten. Die Vogelschützer waren aber schließlich erfolgreich. Heute, 40 Jahre nach beginn der Aktion Uhuschutz, ist der Bestand in Deutschland mit 1000 Uhupaaren annähernd stabil.

Nichtsdestotrotz ist in der Uhu-Welt nicht alles heil. Klettersportler, Vogelschützer und Uhus kommen sich immer wieder in die Quere. Wie schwer die Folgen unbeschränkten Klettersports in den Lebensräumen sind, zeigen Beobachtungen der „Europäischen Gesellschaft zur Erhaltung der Eulen" in der Eifel. Dort stürzten immer wieder junge, noch nicht flugfähige Uhus, die vom Rummel am Fels aufgeschreckt wurden, in den Tod.

Steckbrief Uhu *(Bubo bubo)*

Körpermaße	Weibchen: Körperlänge 62–71 cm; Flügelspannweite 168–178 cm, Gewicht 2,3- 3,6 kg. Männchen (Terzel): Körperlänge 58–64 cm; Flügelspannweite 160–166 cm; Gewicht 1,8–2,5 kg.
Merkmale	Massiger Körper mit einem dicken Kopf. Große, nach vorne gerichtete orangegelbe Augen und auffällige Federohren. Völlig geräuschloser Flug dank spezieller, weicher Federn. Kann seinen Kopf bis 180 Grad drehen.
Sinne	Sehr lichtempfindliche Augen, hohes Nachtsehvermögen, aber vor allem ein hervorragendes Gehör. Die typischen Federpinsel sind aber keine Ohren, die wirklichen Gehöröffnungen liegen unter dem Gefieder verborgen.
Nahrung	Fleischfresser, kleine bis mittelgroße Säuger, Mäuse, Ratten, Igel, Marder, Hasen bis zu Frischlingen. Häufig Vögel, von Tauben über Krähen bis zum Graureiher, selbst andere Greife wie Falken, Habicht, Waldkauz und Waldohreule.
Feinde	Keine. Junguhus durch Baum- und Steinmarder gefährdet. Wenn sie bei ihren ersten Flugversuchen auf dem Waldboden landen, werden sie schon mal von Wildschweinen verspeist.
Alter	20–30 Jahre, Volierenvögel auch wesentlich älter.
Lebensraum	Verbreitet von Europa, Nordafrika bis Asien. Vor allem in Waldgebieten, sowohl im Flachland, aber häufiger in Mittelgebirgen bis Hochalpen. Brüten bevorzugt in Felsen oder Steinbrüchen, aber auch auf dem Waldboden oder in ausgedienten Nestern großer Greifvögel. Bei uns leben wieder über 1000 Uhupaare.

Rasanter Sturzflug des Wanderfalken

Auch das Schicksal der Wanderfalken schien besiegelt, nicht nur in Deutschland, sondern weltweit. Rasant brachen ab den 50er Jahren die Bestände zusammen. Der Wanderfalke wurde wie kaum ein anderer Greifvogel durch DDT dezimiert. Da sich das Insektizid in den Körpern von Säugetieren schneller abbaute als bei Vögeln, war der Wanderfalke als reiner Vogeljäger stärker betroffen als etwa der Mäuse jagende Bussard, der die DDT-Zeiten entsprechend besser überstand.

Aber auch Störungen am Brutplatz sowie Nestraub spielten beim Rückgang des Wanderfalken eine Rolle. Der schnelle Wanderfalke eignete sich ideal zur Jagd auf andere Tiere, der Beizjagd, die vor allem in Arabien sehr beliebt war. Ölscheichs zahlten mehr als 1000 Dollar für den Luftjäger. So kletterten Wilderer selbst in die steilsten Felsen, um die Horste der Falken zu plündern. Aber wie bei Uhu und Seeadler gab es auch beim Wanderfalken Menschen, die dem Aussterben nicht tatenlos zusahen. Einige Naturschützer in Baden-Württemberg schlossen sich zur „Arbeitsgemeinschaft Wanderfalke" zusammen, weil sie erkannt hatten, dass sich in den Felsen

Weltweit litten die Bestände der Wanderfalken vor allem unter dem Pestizid DDT.

Wanderfalken erbeuten ausschließlich Vögel, die sie in tollkühnen Flugmanövern jagen. Die Falken können dabei über 300 km/h erreichen.

der Alb trotz der Pestizidproblematik der einzige noch nennenswerte Restbestand des Wanderfalken gehalten hatte.

Die letzten 30 Horste wurden von unzähligen Freiwilligen bewacht. Diese „zornigen jungen Männer", wie sie Bernhard Grzimek einmal nannte, hatten nur ein Ziel vor Augen: das Wohl der Wanderfalken. Nachdem sie einige Horsträuber in flagranti gestellt hatten und diese auch bestraft wurden, nahmen die Übergriffe auf Falkenbruten deutlich ab. Zudem war es Falknern 1974 gelungen, zum ersten Mal Wanderfalken in Gefangenschaft zu züchten. Und auch DDT war endlich verboten.

Allerdings verringerten immer noch die Störungen durch Felskletterei den Bruterfolg der Wanderfalken. Aber selbst die aktivsten unter den Naturschützern mussten zähneknirschend eingestehen, dass man die Freizeitgesellschaft nicht gänzlich aus der Natur verbannen konnte. So wurde die Zahl der geeigneten Brutplätze immer weniger. Warum nicht auf ganz andere Felslandschaften ausweichen wie z. B. die Betonberge der Großstädte? Dies dachten sich einige und begannen damit, Nistkästen an hohen Gebäuden in den Städten aufzuhängen. Tauben waren ja genug da, der Tisch für die Wanderfalken reich gedeckt. Die Frage war nur, ob sie mit dem Stadttrubel zurechtkommen würden. Die Vögel galten als sehr sensibel. In der Natur hatten Wanderfalken schon Bruten bei geringer Störung aufgegeben. Doch die Befürchtungen stellten sich als unbegründet heraus, die Wanderfalken fühlten sich in ihrem neuen Lebensraum „Stadt" sehr wohl. Ob Kühltürme, Hochhäuser oder Schornsteine – sie nahmen Nistplätze an allen nur erdenklichen Stellen an, Hauptsache, ihr neues Heim lag in schwindelnder Höhe.

Bald jagten über den Köpfen der Menschen in den Millionenstädten Berlin, München und Hamburg Wanderfalken den Stadttauben nach und breiteten sich selbst im hochindustriellen Ruhrgebiet aus. Die in den Städten aufgewachsenen Wanderfalken verschmähten gar Naturfelsen und zogen Braunkohlebagger einsamen Steilwänden als Nistplätze vor. In Nordrhein-Westfalen leben heute mehr so genannte Industriebrüter als Felsbrüter. 2006 zählten Ornithologen in Deutschland wieder 860 Wanderfalkenpärchen. Ja, ihre Prognosen sind gar, dass künftig mehr Wanderfalken bei uns leben werden als jemals zuvor, haben sie sich doch mit der Eroberung des menschlichen Siedlungsraumes ein enormes Nisthabitat erschlossen.

Des einen Freud', des anderen Leid

Nicht alle Vogelliebhaber freuten sich über die kräftige Zunahme des schnellen Jägers. Brieftaubenzüchter traten Tränen in die Augen, wenn sie auf die Heimkehr ihrer gefiederten Lieblinge wartend in den Himmel starrten und dort die kreisenden Wanderfalken entdeckten. Und wenn dann eine Rassetaube nicht mehr heimkehrte, dann schwoll so manchem Taubenfreund der Kamm und er schwor auf Rache. So dauerte es nicht lange, bis zwei Fraktionen von Vogelliebhabern sich in den Haaren lagen. Manche Taubenfreunde fanden, es gebe nun genug Greifvögel. Und die Wanderfalkenfreunde warfen den Taubenliebhabern Selbstjustiz vor: Sie würden ihre alten ausrangierten Tauben mit Gift einpudern und mit Angelhaken bespicken, um die Falken zu dezimieren.

Über die Rückkehr des Wanderfalken und den Einzug des schnellen Vogeljägers in den urbanen Lebensraum waren nicht nur die Aktivisten des Wanderfalkenschutzes erfreut. Mit dem Anbringen von Wanderfalken-Nistkästen in Städten hoffte auch so mancher Bürgermeister oder Immobilienbesitzer insgeheim, dass die Greifvögel nun den Tauben den Garaus machen würden, dass sie deren Population drastisch reduzieren könnten, sodass die „Taubenplage" bald der Vergangenheit angehören würde. Tatsächlich jagen Wanderfalken in Siedlungsräumen hauptsächlich Tauben, wie Studien feststellten. Zudem wurde beobachtet, dass an Gebäuden mit Wanderfalken-Nistkästen auch gewisse Vergrämungseffekte eintraten, Tauben verzogen sich bald an andere Plätze. Doch größeren Einfluss auf die Population der Tauben hatten die Stadtwanderfalken nicht. Außer, dass sich die Fitness der Stadttauben wohl verbessert, da vorallem kranke und schwache Vögel erbeutet werden. Tauben haben sich im Laufe der Evolution an Greifvögel gewöhnt, haben gelernt, mit diesen „Predatoren" zusammenzuleben.

Steckbrief Wanderfalke *(Falco peregrinus)*

Körpermaße	Weibchen: Körperlänge 45–51 cm; Flügelspannweite 105–117 cm, Gewicht ca. 1,0 kg. Männchen (Terzel): Körperlänge 38–45 cm; Flügelspannweite 80–100 cm; Gewicht ca. 0,6 kg.
Merkmale	Der größte einheimische Falke, etwa bussardgroß. Typisch sind die breit angesetzten, im Flug v-förmig gehaltenen und spitz zulaufenden Flügel, der kurze Stoß (Schwanz), der schnelle Flug mit flachen Flügelschlägen. Breite schwarze Wangenstreifen am Kopf bilden einen auffallenden Kontrast zum hellen Bauchgefieder, ebenso stechen die gelbe Wachshaut an der Schnabelwurzel und die gelben Fänge hervor.
Sinne	Wie der Adler ein Sichtjäger mit hervorragender Sehkraft. Falkenaugen haben ein vielfach besseres zeitliches Auflösungsvermögen, können eine Folge von 150 Bildern pro Sekunde noch als Einzelbilder wahrnehmen, während das menschliche Auge schon bei 25 Bildern pro Sekunde nicht mehr differenzieren kann. Geruch und Gehör sind gut ausgebildet.
Nahrung	Fleischfresser, fängt fast ausschließlich fliegende Vögel. Meist staren- bis taubengroße Vögel, aber selbst Reiher werden erbeutet. Ansitzjäger, Sturzangriffe aus dem Spähflug, kreisen in großen Höhen, um dann mit angewinkelten Flügeln auf darunterziehende Vögel herabzustoßen, dabei werden sie über 300 km/h schnell.
Feinde	Uhus schlagen sowohl alte als auch junge Wanderfalken. Steinmarder erbeuten die Jungen am Nest.
Alter	15–20 Jahre, Volierenvögel älter.
Lebensraum	Generalist. Weltweit verbreitet außer in der Antarktis. Brüten bevorzugt in Felsen oder Steinbrüchen, aber auch in Städten an hohen Gebäuden, Kirchen, Türmen, Schornsteinen und sonstigen Industriebauten. Auch Baum- und Bodenbruten. Bei uns leben inzwischen wieder über 860 Wanderfalkenpaare.

Wieder aufgetaucht – der Fischadler

Der Fischadler ist kein echter Adler. Zoologische Systematiker haben ihn aufgrund einiger anatomischer Besonderheiten in eine eigene Familie gesteckt: Er hat Federn, die sich nicht so leicht voll Wasser saugen. Er kann die innere Zehe nach hinten schlagen und so besonders schnell zupacken. Die Krallen sind zudem sehr lang, schlank und nadelspitz. Eine ideale Fangausstattung selbst für die glitschigsten Fische. Wenn er suchend über die Gewässer fliegt und einen Fisch entdeckt, bleibt er kurz rüttelnd in der Luft stehen und stürzt sich auf seine Beute. Anders als der Seeadler taucht der Fischadler dabei auch unter Wasser und kommt mit bis zu zwei Kilo schweren Fischen wieder an die Oberfläche. Also einer Beute, die nahezu ein halbes Kilo schwerer ist als der Fischadler selbst. Charakteristisch im Flugbild sind die langen, schmalen, leicht angewinkelten Flügel und seine leuchtend weiße Unterseite. Nur ausnahmsweise fängt der etwa rotmilangroße Fischadler schwere Beute, meist sind es kleine Fische, mit denen er zu seinem Horst zurückfliegt. Und da Eisflächen im Winter seine Nahrungsgründe bedecken, zieht er wie die Schwalben und andere Zugvögel in den Süden.

Doch dem Menschen reichte es schon, was er in den Sommermonaten sah: Ein Vogel, der in „seinen" Fischbeständen räuberte. So verpasste er auch dem Fischadler das volle Programm: Zunächst gnadenlose Verfolgung und anschließend Vernichtung durch Gift und Lebensraumzerstörung. Die Bilanz: In den 60er Jahren lebten in ganz Deutschland noch 69 Brutpaare, vor allem rund um die Seen Ostdeutschlands. Dass Fischadler gerade in der DDR überlebten, wo man das schädigende DDT bis in die 80er Jahre hinein versprühte, hing mit der Hochseefischereiflotte zusammen. Die war nur dürftig erfolgreich. Um die Arbeiter und Bauern mit ausreichend Fischprotein zu versorgen, setzte die DDR-Führung deshalb auf Süßwasserfisch. Die Fischgewässer wurden zu Schutzzonen erklärt, so ersparte man den Seen und damit auch den Fischadlern die üblichen Chemiecocktails.

Außerdem setzten sich Naturschützer in der DDR immer wieder erfolgreich ein. Sie waren zwar nicht so lautstark wie ihre Westkollegen,

Perfekte Anpassung an die Fischjagd: Kräftige Fänge mit langen, spitzen Krallen, denen nichts entgleitet.

Fischadler mögen freie Sicht von ihrem Horst. Daher bauen sie ihre Nester auch häufig auf Strommasten.

schafften es aber mit beharrlichem Zureden, den Politikern einige Schutzgebiete abzuringen. Und hier und da ein „Bestechungs"-Cognac für den Förster hat so manchen alten, hohlen Baumriesen und die ein oder andere kronendürre, frei stehende Kiefer vor der Kettensäge bewahrt: wichtige Horstbäume für die Großvögel.

Trotzdem waren passende Nistplätze für den Fischadler rar. Als der Mensch dann Stromtrassen durch sein Reich schlug, äugten die Fischadler zunächst skeptisch. Doch fanden sie bald, dass die Strommasten, von denen aus man einen prächtigen Rundblick hatte, ganz nach ihrem Geschmack waren. Kurzerhand türmten sie ihre Reisignester zwischen Isolatoren, Stahlstreben und Stromleitungen. Kein ungefährlicher Platz. Der Mensch vertrieb sie anfangs, allerdings mehr aus Sorge um einen stabilen Stromfluss. Doch schließlich konnten auch hier Naturschützer ihren Einfluss durchsetzen. Heute leben in Deutschland wieder etwa 600 Fischadlerpaare, ein Großteil hat sich Strommasten als Domizil auserkoren. Und langsam breiten sie sich auch wieder Richtung Westen aus. Überlebt haben sie aber vor allem dank ehrenamtlicher Vogelschützer in Ostdeutschland.

Alltag eines Vogelschützers

Worauf man als Vogelschützer gefasst sein muss, erzählt Dietrich Roepke, Jahrgang 1928, aus Waren an der Müritz: „Ich kletterte hinauf in eine Kiefer, um zwei junge Fischadler zu beringen, die dort im Horst saßen. Als ich aber das Nest erreichte, musste ich erkennen, dass die Vögel wider Erwarten beinahe erwachsen waren. Für eine Beringungsaktion nicht sehr praktisch. So flog einer der beiden auch davon. Da es sehr eng dort oben war, kletterte ich halb in den Horst hinein und hielt den zweiten Fischadler fest, während mein Kollege den Markierungsring befestigte. Plötzlich kam der andere Jungadler wieder zurückgeflogen, und da ich seinen angestammten Platz belegte, versuchte er kurzerhand auf mir zu landen – auf meinem Kopf. Ich hatte meinen Helm verloren und so traktierte er mit seinen scharfen Fängen meine Kopfhaut. Er fand aber erst Halt, als er sich mit einem Fang in mein Ohr krallte. Endlich ergriff mein Kollege den Adler, um mich zu erlösen. Er zog am Vogel, doch vergaß er dabei, dass Fischadlerfänge anatomisch so gestaltet sind, dass sie auf Zug nur noch fester zupacken. Mein Ohr wäre beinahe abgerissen worden. Ich konnte im letzten Moment noch mit einer Hand den Fang öffnen."

Steckbrief Fischadler *(Pandion haliaetus)*

Körpermaße	Weibchen: Körperlänge 55–59 cm; Flügelspannweite 160–170 cm, Gewicht 1,8–2,0 kg. Männchen (Terzel): Körperlänge 50–54 cm; Flügelspannweite 145–155 cm; Gewicht 1,4–1,6 kg.
Merkmale	Großer schlanker Vogel mit breiten Flügeln, gut zu erkennen am weiß/dunkelbraun kontrastierten Gefieder. Such- und Rüttelflug über Gewässern.
Sinne	Für Greifvögel typisch sehstarke Augen, gut ausgeprägter Gehör- und Geruchssinn. Kann die Nasenöffnungen verschließen und so aus dem Sturzflug meterweit unter Wasser tauchen.
Nahrung	Fischfresser, kleine bis mittelgroße Fische, in Notzeiten auch Kleinsäuger, Amphibien und Reptilien.
Feinde	Keine. Einer Horstkonkurrenz mit dem Seeadler entgeht er durch die Wahl seiner Horststandorte, die dem Seeadler meist zu offen in der Landschaft liegen. Gelege- bzw. Jungenfraß durch Rabenvögel oder andere Greife, Uhu oder Marder kommen vor.
Alter	20 bis 25 Jahre.
Lebensraum	Die Art ist auf der gesamten Nordhalbkugel verbreitet. Bei uns Zugvogel, überwintert in Westafrika. Der Fischadler benötigt vor allem klare Gewässer, die ihm das Erspähen der Beute aus der Luft ermöglichen. Er baut seine Horste auf frei stehenden Bäumen, gerne auch auf Strommasten nahe fischreichen Seen, Teichen und größeren, langsam fließenden Flüssen. Über 600 Paare in Deutschland.

Wo sich Indianer und Fledermaus „Gute Nacht" sagen

Winnetou und Old Shatterhand jagen im gestreckten Galopp am Berg entlang und preschen in die kleine Westernstadt. Mit höllisch viel Pulverdampf und ohrenbetäubender Knallerei naht der Show-down. Die Schurken geben schließlich Fersengeld, die Blutsbrüder erobern den Kalkberg zurück. Applaus. Anschließend werden Schreckschuss-Colts und Winchester-Attrappen in der Requisite eingemottet. Die Karl-May-Festspiele gehen in den Winterurlaub. Anfang September weichen Cowboys und Indianer und machen den heimlichen Herren des Kalkbergs von Bad Segeberg Platz: Fledermaus und Co.

Die Fledermaus-Höhle

Das große Maus-ohr – die typische Dachboden-fledermaus.

1913 entdeckten neugierige Jungen beim Klettern am 90 Meter hohen Kalkberg einen Spalt, der sich bald als Eingang zu einer großen Höhle entpuppte. Wasser hatte im Laufe der Jahrhunderte ein

über zwei Kilometer langes Labyrinth in den Gipsstein modelliert. Deutschlands nördlichste Höhle war entdeckt und wurde schnell zu einer Touristenattraktion für Millionen Besucher. Auch Zoologen interessierten sich für die dunkle Welt im Untergrund, hatten sie in den Klüften und Spalten doch neben dem Segeberger Höhlenkäfer (*Choleva septentvionis holsatica*) auch Fledermäuse entdeckt. In den 80er Jahren begannen Mitglieder vom Naturschutzbund Deutschland (NABU) mit einer Bestandserhebung der Flattertiere. Die Nachtjäger waren zu jener Zeit noch ziemlich unerforscht: Den Naturschützern war aber bekannt, dass die Zahl der Insektenjäger im Laufe der vergangenen Jahrzehnte dramatisch abgenommen hatte. Umso erfreuter war man über jede größere Ansammlung wie die in der Kalkhöhle. In dem weit verzweigten Höhlensystem gelang es ihnen allerdings nicht, die Fledermäuse zu zählen. Doch anhand der Tiere, die sie an den Decken und Spalten entdeckt hatten, schätzten sie den Bestand auf knapp 400 Fledermäuse.

Der Tod saß in der Ausflugschneise

Auch Katzen hatten Interesse an den Höhlen gefunden. Unbemerkt von den Fledermausschützern, postierten sie sich des Nachts regelmäßig an den Ausfluglöchern und „schöpften" die ausschwirrenden Fledermäuse ab. Sie müssen sich wie im Schlaraffenland gefühlt haben, aus einigen Löchern flogen ihnen die Leckerbissen geradezu ins Maul. Als die NABU-Mitarbeiter die vollgefressenen Stubentiger an den Schlupflöchern schließlich ertappten und daraufhin die Ausflugschneisen katzensicher umgestalteten, da war der Schlamassel aber schon passiert. Ihnen standen die Haare zu Berge, als sie die Skelette von über 300 Fledermäusen vom Boden aufklaubten. Damit musste der Bestand erloschen sein, dachten alle deprimiert. Doch als sie in die Höhlen kletterten, um nach letzten Überlebenden Ausschau zu halten, stießen sie immer noch auf Fledermäuse, die an den Decken hingen. Es schien sogar, als sei ihr Bestand unverändert.

Licht ins Dunkel

„Wie viele Fledermäuse sind denn da nun wirklich drin?", wurde die Frage bei den Fledermaus-Forschern laut. Gab es denn keine Möglichkeit einer genauen Bestandsermittlung, ohne die Tiere zu beunruhigen? Karl Kugelschafter, Biologe an der Uni Gießen, beschäftigte sich damals mit dem neu entdeckten Phänomen der „Automarder". Zusammen mit einem befreundeten Physiker hatte er eine Lichtschranke konstruiert, mit deren Hilfe er dem nächtlichen Treiben der heimlichen Gummibeißer auf die Spur kommen wollte. „Eines Tages rief mich eine Freundin aus Schleswig-Holstein an und fragte mich, ob man mit meinem Gerät nicht auch Fledermäuse zählen könne", erinnert sich Kugelschafter. So packte der Schwabe seine Apparaturen und machte sich Anfang der 90er Jahre auf ins Holsteinische. Was bei den relativ großen Mardern aber noch recht einfach funktionierte, dass stellte sich bei den kleinen quirligen Fledermäusen als schwieriges Unterfangen dar: „Die ersten Zählungen an den Ausfluglöchern ergaben einen regelrechten Daten-Salat", sagt Kugelschafter. „Eine einzelne Unterbrechung der Lichtschranke konnte ja vieles bedeuten: Eine ausfliegende Fledermaus oder auch viele ausfliegende Fledermäuse, die in Schwärmen durch die Lichtstrahlen jagten. Oder aber eine einzelne Fledermaus, die immer hin- und herfliegt. Oder auch ganz andere Tiere." Eineinhalb Jahre tüftelte der praktisch veranlagte Wissenschaftler an seiner Messanlage herum und passte sie an die speziellen Gegegebenheiten an, bis er schließlich sicher war, dass die Technik nun ziemlich genau funktionierte.

Anfang April 1993 fand die erste bundesdeutsche Fachtagung der ehrenamtlichen Fledermausschützer in Bad Segeberg statt und der Automarder-Forscher Karl Kugelschafter präsentierte den Fledermaus-Experten seine Ergebnisse. Über 6000 Fledermäuse hatten zu diesem Zeitpunkt den Zählungen der Lichtschrankenanlage zufolge ihr Winterquartier bereits verlassen. „Die hielten mich für verrückt und einige sagten, ich würde doch Fliegen zählen", erinnert sich Karl Kugelschafter an die Situation. Und als sich die Experten am Abend des 3. April 1993 aufmachten und sich vor den Ausfluglöchern postierten, da war dem kernigen Naturburschen aus Süddeutschland ziemlich unwohl zumute: „Wie alle starrte ich ins Dunkel und befürchtete selber schon, dass da jetzt überhaupt nichts passiert." Doch dann seien alle ganz baff gewesen als nach und nach tausende Fledermäuse die Höhle verließen.

„Wir wussten damals einfach noch nicht, dass die Fledermäuse die Höhle in einem über die Jahre hinweg nahezu identischen

Detektor und Infrarotkamera

Was man mit Technik erreichen kann, dass wissen Forscher wie Karl Kugelschafter. Eine Apparatur aufbauen und im stillen Kämmerchen Daten ablesen und auswerten ist eine Sache. Aber die Geräte auch so zu verwenden, dass interessierte Menschen einen Einblick erhalten, das bewirkt weit mehr: Karl Kugelschafter ist in seinem Element, wenn er mit seiner humorvollen Art und schwäbischem Mundwerk in Bad Segeberg den Live-Ausflug der Fledermäuse aus der Höhle auf einer Großbild-Leinwand präsentiert. Infrarot-Scheinwerfer, Infrarot-Kameras und Fledermausdetektoren schaffen faszinierende Einblicke. Ein Blick in die Augen der zahlreichen Kinder sagt alles. Wenn sie die „Kobolde der Nacht" erleben, dann haben sie Winnetou und Old Shatterhand längst vergessen.

Rhythmus nutzen", sagt Karl Kugelschafter heute. Was für ein Glück für den Biologen, dass die Aufbruchstimmung unter den Fledermäusen alljährlich Anfang April ihren Höhepunkt erreicht. Erst mit Hilfe der Technik wurde den Forschern klar, welche einzigartige Bedeutung das Höhlensystem hat und für einige Fledermausarten gar das größte Winterquartier in Mitteleuropa darstellt. Inzwischen entwickelte Kugelschafter seine Messapparate weiter und heute stehen ausgefeilte Lichtschranken-Technik mit Aktivitätssensoren, Videoüberwachung sowie zahlreiche akustische Geräte parat, die es erlauben, jedes einfliegende Tier auf Artniveau zu bestimmen. Ein wahrer Innovationsschub in der Fledermausforschung.

Lauschangriff des Großen Mausohrs

Unter den Fledermausarten, die in Bad Segeberg überwintern, sind aber nur wenige Große Mausohren. Eine der größten Mausohr-Kolonien Deutschlands hängt den Sommer über im Dachstuhl der Kirche in Bacharach-Steeg, direkt neben dem Gasthaus „Zur Fledermaus" kopfüber an der Decke. Über 2000 Mausohrmütter ziehen hier ihren Nachwuchs auf. Zusammen mit dem Großen Abendsegler ist das Große Mausohr die größte Fledermausart hierzulande, es kann mit einer Flügelspannweite aufwarten, größer als die einer Amsel, und hat dabei das Körpervolumen eines wohlgenährten, aufgeplusterten Spatzes.

In den Sommerquartieren des Großen Mausohrs hängen ausschließlich Weibchen mit ihren Jungen, während die Männchen als Einzelgänger durch die Lande ziehen. Große Mausohren jagen nicht im Nachthimmel nach Fluginsekten, so wie man es bei den Abendseglern und Zwergfledermäusen beobachten kann, die anhand reflektierender Ultraschallwellen ihre Beute ausmachen. Mausohren sind so genannte Passiv-Orter. Sie horchen mit ihren langen, schlanken, mäuseartigen Ohren nach den Geräuschen, die ihre Beutetiere erzeugen. So jagen sie im Lauschflug nur knapp einen Meter über offene Flächen hinweg, gerne über frisch gemähte Wiesen oder entlang von Hängen. Dabei hören sie selbst das Krabbeln eines Käfers auf dem Boden oder das Flügelschwirren einer startenden Schnake und sobald sie die Herkunft lokalisiert haben, stürzen sie sich hinab. Entkommt ihnen mal eine Beute, dann verfolgen Mausohren sie auch noch sehr behände zu Fuß weiter.

Das Jahr des Mausohres

Ab September ziehen die Mausohren in ihre Überwinterungsquartiere, die meist nicht mehr als 100 Kilometer vom Sommerquartier entfernt liegen. In dieser Phase findet auch die Paarung statt. Spä-

testens im November fallen die Mausohren in den Winterschlaf. Sie hängen manchmal in kleinen Gruppen dichtaneinander gedrängt an Höhlendecken, alten Katakomben, Burg- oder auch Weinkellern. Meist aber einzeln versteckt in Spalten oder Hohlräumen. Es sind frostsichere Plätze, an denen die Temperatur kaum unter fünf Grad fällt. Die Körpertemperatur sinkt und auch der Stoffwechsel der kleinen Säuger verlangsamt sich deutlich und sie zehren von ihren angefressenen Reserven. Werden sie beim Winterschlaf gestört, brauchen sie mindestens eine halbe Stunde, um Betriebstemperatur zu erreichen. Für eine Flucht vor Feinden viel zu langsam, daher ist die Wahl eines sicheren Überwinterungsplatzes für die Fledermäuse sehr wichtig.

Im Frühjahr erwachen die Mausohren aus ihrer Lethargie und fliegen in ihre Sommerquartiere. Das sind häufig große Dachstühle alter Häuser oder Kirchtürme. Sie hängen an möglichst hoch- und abgelegenen Stellen, wo sie geschützt sind vor Fressfeinden wie Katzen, Mardern oder auch Eulen. In diesen so genannten Wochenstuben hängend, gebären die Weibchen im Juni zumeist ein Junges. Dabei krallen sie sich mit den Hinterbeinen und zusätzlich mit den „Flügeldaumen" an der Decke fest. So bilden sie mit ihren Körpern eine Art Korb für die Neugeborenen, der sie vorm Herabstürzen schützt. Mausohren fliegen nachts hinaus zu ihren Jagdgebieten, die bis zu 20 Kilometer weit von den Wochenstuben entfernt liegen können.

Nahrung vergiftet – Wohnraum zerstört

In den 70er Jahren war in Deutschland ein historischer Tiefstand der Fledermauspopulation erreicht. Zwar gab es damals noch keine flächendeckende Bestandserfassung, generell war das Wissen über Fledermäuse noch sehr dürftig. Aber aus einigen bekannten Fledermausquartieren schlossen Wissenschaftler auf den Gesamtbestand. Ihre Hochrechnungen ergaben einen drastischen Bestandsrückgang im Vergleich zu den 50er Jahren. Einige Arten wie die Alpenfledermaus und die Langflügelfledermaus verschwanden in dieser Zeit ganz aus Deutschland. Wie viele andere Insekten fressende Tierarten litten Fledermäuse unter DDT und anderen Pestiziden, die damals zur Schädlingsbekämpfung eingesetzt wurden. Zum einen schmälerte die großflächige Vergiftung der Insekten die Nahrungsgrundlage der Fledermäuse, zum anderen sammelte sich der Giftstoff über aufgenommene Insekten im Körper der Fledermäuse an. Zahllose Tiere starben. Auch der Fledermaus-Wohnraum nahm ab. Stollen wurden verschlossen, alte Gebäude saniert, die Schlupflöcher in den Dächern abgedichtet und mit aggressiven Holzschutzmitteln die Dachstühle imprägniert. Die Fledermäuse irrten oftmals vergeblich auf der Suche nach Ausweichplätzen umher. Mit dem Wegfall einer geeigneten Wochenstube verschwanden ganze Mausohr-Populationen aus einer Region.

Vom ungeliebten Flattertier zur Fledermaus-Manie

Mit dem Verbot von DDT stieg die Population der Großen Mausohren ab Mitte der 70er Jahre wieder langsam an. Außerdem bewirkte die zunächst recht kleine Gruppe der Fledermausschützer einiges. Anfangs suchten sie nur nach den Quartieren, kartierten diese und setzten sich für deren Erhalt ein. Doch bald gingen sie auch zu einer dringend notwendigen Öffentlichkeitsarbeit über, denn Fledermäuse waren für die meisten Menschen einfach nur hässliche Flattertiere – mysteriös, zuwider oder gar gefährlich. Das Bild vom Blutsauger und Krankheitsüberträger hielt sich hartnäckig. Um diesem Aberglauben entgegenzuwirken, entstanden bald erste Fledermausarbeitsgruppen, die sich langsam übers Land ausbreiteten und die Begeisterung für die „Kobolde der Nacht" weckten, vor allem bei Kindern. Die Sympathien für die Flattertiere stiegen mit Aktionen wie der so genannten Europäischen „Batnight", Veranstaltungen rund um Fledermäuse, die in ganz Deutschland seit Mitte der 90er Jahre immer am letzten Samstag im August stattfinden. So entstand eine regelrechte Fledermaus-Manie.

Doch vor allem die Fledermaus-Forschung war entscheidend, denn der Grundsatz „Nur was man kennt, kann man auch schützen." bewahrheitete sich gerade bei diesen nachtaktiven Tieren. Durch ihre nächtliche Lebensweise erhielten die Forscher erst sehr spät Einblicke in das Leben der quirligen Flieger. 1768 vermutete zwar schon der Vater der Fledermausforschung, der Italiener Lazzaro Spallanzani, dass Fledermäuse per Gehör durch die Dunkelheit steuern, aber erst 1938 entdeckte man, dass Fledermäuse Ultraschallwellen erzeugen. Sie rufen mit „hoher" Stimme in die Nacht, hören die reflektierenden Wellen und können so selbst durch einen dichten Wald fliegen. Vieles aus dem Leben der Fledermäuse liegt aber selbst heute noch im Dunkeln.

Steckbrief Großes Mausohr *(Myotis myotis)*

Körpermaße	Weibchen: Körperlänge 6,7–7,5 cm; Spannweite 35–43 cm; Gewicht 28–40 g. Männchen: Körperlänge 7,0–7,9 cm; Spannweite 38–45 cm; Gewicht 32–45 g.
Merkmale	Etwa amselgroße, graubraune Fledermaus, lange schlanke Ohren. Hellgraues bis weißes Bauchfell. Fliegt erst nach der Dämmerung auf die Jagd, häufig im schnellen Tiefflug auf frisch gemähten Wiesen zu beobachten. Weibchen verbringen den Sommer in Kolonien auf Dachstühlen.
Sinne	Fantastisches Gehör, kann sowohl Ultraschall als auch nieder-frequente Geräuschquellen hören und genau orten. Ausgeprägter Geruchssinn, dient vor allem der innerartlichen Kommunikation. Augensinn entwickelt, wenn auch kurzsichtig.
Nahrung	Mittelgroße bis große Insekten: Laufkäfer, Mistkäfer, Maikäfer, Raupen, Heuschrecken, Grillen, Nachtfalter, Spinnen.
Feinde	Eulen, Greifvögel, Katzen, Marder. Auch der eingebürgerte Waschbär frisst Fledermäuse.
Alter	Höchstalter: 22 Jahre, die Tiere erreichen meist nur ein Durchschnittsalter von 4–5 Jahren.
Lebensraum	Mittel- und Südeuropa bis zur Nordsee und Ostsee. Vorzugsweise offene Landschaften, Streuobstwiesen und lichte Laubwälder, gerne auch an Felsen und steilen Berghängen. Sommerquartier häufig in Gebäuden, Winterquartier vorzugsweise in Höhlen.

Der Graue Kranich – die „Schneegänse" kommen!

Schon von weitem kündigten trompetenartige Rufe ihr Kommen an. In langen Ketten flogen sie über die Eifelhöhen. Als kleiner Junge spitzte ich dann die Ohren und hielt Ausschau, um nur ja keine der imposanten Zugvogelformationen am Himmel zu verpassen. Bei ihrer Ankunft Mitte Oktober waren wir Kinder meist in den Wäldern unterwegs beim Holzsammeln fürs Martinsfeuer. Beim ersten „Gruh Gruh" lief ich auf eine Lichtung oder Bergkuppe, von wo aus man eine gute Sicht hatte. Fantastisch, wenn eine Gruppe dieser großen Vögel in einem Keil mit dem gut zu hörenden rauschenden Flügelschlag über einen hinwegflog. Die Leute sagten dann: „Die Schneegänse kommen, jetzt wird es Winter."

Aus meinem ersten Vogelbuch erfuhr ich, dass es keineswegs Gänsevögel, sondern Graukraniche aus Nordeuropa waren, die da mit langem Hals und den typisch lang ausgestreckten Beinen hoch am Himmel über meine Heimat in ihr Winterquartier nach Spanien zogen. Trafen sie in der Dämmerung oder bei schlechter Sicht bei uns ein, flogen die Vögel sehr tief und kreisten, als suchten sie einen

Im Wasserbett: Zum Schutz vor Feinden übernachten Kraniche häufig im flachen Wasser stehend.

Landeplatz. Dann klangen ihre Rufe so nahe, dass ich ihnen oft in der Dunkelheit hinterherlief, immer in der Hoffnung, ihr Nachtlager zu finden. Aber es gelang mir nie.

Als ich 20 Jahre später im Oderhaff unterwegs war, in einem Auwald an der deutsch-polnischen Grenze, da hörte ich wieder dieses Trompeten aus meiner Kindheit. Doch diesmal kam es nicht aus der Luft, sondern vom Boden. Es schallte laut und geradezu unheimlich durch den Wald. Ich wusste, das sind die Duett-Rufe eines Kranichpaares – vielleicht hatte ich jetzt eine Chance, mich heranzupirschen und die Kraniche an ihrem Nest zu beobachten. Ich kletterte stundenlang durchs Unterholz, watete durch schmatzend feuchte Sumpfwiesen, lauschte immer wieder den schmetternden Rufen und versuchte vergeblich die Richtung des Schalls zu orten. Es klang so nah, aber es war wie verhext. So große Schreitvögel mit ihrem auffälligen grau-schwarz-weißen Gefieder und einer leuchtend roten Kopfplatte mussten doch zu entdecken sein. Doch ich fand sie nicht.

Der Kranich-Experte

Wolfgang Mewes schmunzelt. Es ist das Schmunzeln eines Fachmanns, der diese Situation ganz genau kennt. „Es gibt selbst Jäger und Förster, die brütende Kraniche in ihren Revieren haben, es aber nicht wissen, geschweige denn den Nistplatz kennen. Kraniche sind sehr versteckt lebende und scheue Vögel, denen man sich kaum unbemerkt nähern kann. Sie an ihrem Nest zu entdecken, das bedarf schon großer Ausdauer, Erfahrung und Glück."

Wolfgang Mewes ist 64 Jahre alt und pensionierter Biologie-Lehrer. Vor allem ist der Mann aus dem mecklenburgischen Zarrentin aber ein international angesehener Kranich-Experte und der Geschäftsführer von Kranichschutz Deutschland e. V. Seine Kenntnisse verdankt er einem Schachzug seines alten Lehrers. Der spornte seinen naturbegeisterten Schüler Anfang der 60er Jahre an, indem er ihm eine Kartierung der Kraniche übertrug: „Ich hatte zwar etwas Kenntnis über die Vogelarten, aber mein Wissen über Kraniche war eher dürftig."

Doch das Amt beflügelte Wolfgang Mewes. Jede Minute seiner Freizeit stiefelte er durch die Moorflächen, beobachtete Kraniche stundenlang mit seinem Fernglas und kannte bald die Eigenarten „seiner" Vögel so genau, wie andere vielleicht die ihrer Geschwister. „Schließlich wurde man auf mein Wissen über Kraniche aufmerksam, sodass ich in den Arbeitskreis zum Schutz vom Aussterben bedrohter Tierarten in der DDR berufen wurde. Und Anfang der 70er Jahre begannen wir ein Kranich-Betreuernetz aufzubauen, das seinesgleichen suchte."

Kraniche – rar und wachsam

Obwohl im seenreichen Mecklenburg-Vorpommern damals noch die meisten Kraniche in Deutschland lebten, waren die Tiere doch selten. In den 6oer Jahren brüteten im ganzen heutigen Bundesgebiet nur 600 Paare, in Westdeutschland waren es zu traurigsten Zeiten nur noch zwölf Paare. Wobei der Schwerpunkt des Brutgebiets des Grauen Kranichs schon immer im Nordosten Europas und Norden Asiens lag. Es reichte aber bis nach Mitteleuropa hinein und wurde im Westen durch die Aller und Elbe, im Süden durch den 51. Breitengrad auf einer Linie Leipzig-Dresden begrenzt: Die Brutvorkommen deckten sich ungefähr mit der Ausbreitung der nordischen Eiszeitgletscher, die den für Kraniche typischen Lebensraum aus Gewässern, Sümpfen und Mooren schufen.

Doch es gab einst selbst in West- und Südeuropa Brutvorkommen. Die Römer berichteten schon von *Grus*, die sogar als Haustiere gehalten wurden. Wie Gänse eigneten sich Kraniche hervorragend als Wächter, meldeten mit lautem Trompeten Raubtiere, Greifvögel und sonstige Eindringlinge. Diese Hofhaltung der langen Schreitvögel war bis ins Mittelalter weit verbreitet. Neben diesem praktischen Nutzen galten die Vögel vor allem als Vorboten einer neuen Jahreszeit. Wenn die Kraniche aus dem Süden zurückkehrten, dann wussten die Menschen, der Frühling naht.

Bei Bauern häufig unbeliebt
Eigentlich doch beste Voraussetzungen, um vom Menschen geliebt zu werden. Doch weit gefehlt, selbst die wunderbaren Kraniche mit ihren unnachahmlichen Paarungstänzen wurden als Raubvögel geächtet und bejagt. Kraniche sind zwar keine Beutegreifer, als Allesfresser fangen sie lediglich Insekten und Larven sowie ab und zu Amphibien, Reptilien, kleine Fische und Kleinsäuger wie Mäuse – demnach hätten sie im menschlichen Kategoriedenken auch als Nützlinge Platz finden können. Doch da sie als pflanzliche Kost auch gerne Feldfrüchte aufpicken, wurden sie zu den Schädlingen sortiert: Es sei einfacher, den nackten Fels zu bebauen, als Felder in der Nachbarschaft von Kranichen, besagt ein altes Bauernsprichwort. Kraniche galten zudem als lohnenswerte Beute. Neben ihrem Fleisch waren die Federn sehr gefragt. So wurden sie in Netzen, Schlingen und Leimruten gefangen. Die Trockenlegung vieler Moore und Feuchtflächen beraubte die Kraniche ihrer bevorzugten Brutgebiete, bauen sie doch ihre Nester möglichst in knietiefem Wasser.

Erst als die Population der Graukraniche in den 60er Jahren den Tiefststand erreichte, wurden die Tiere endlich geschützt.

Auf zwei Zugrouten ins Winterquartier
Die europäischen Kraniche ziehen auf zwei Routen in die Überwinterungsgebiete. Kraniche der östlichen Populationen überqueren Polen, die Slowakei und Ungarn, wo sie am Hortobagy Nationalpark rasten und dann weiter über die Balkanländer nach Süditalien, Sizilien und von dort nach Nordafrika weiterfliegen. Die westliche Route nehmen vor allem Kraniche aus Skandinavien, Finnland und dem Baltikum sowie Polen und Deutschland. Sie fliegen über Deutschland, Belgien, Luxemburg und Frankreich bis nach Spanien in die Extremadura, ihrem Hauptüberwinterungsgebiet. Eines der bedeutendsten Rastgebiete auf ihrem Zug ist die Rügen-Bock-Region an der deutschen Ostseeküste. Dort wurden 2006 an einem Tag über 55 000 rastende Kraniche gezählt. Insgesamt überqueren mehr als 200 000 Kraniche Deutschland.

Kraniche auf dem Vormarsch

Mitte der 70er Jahre konnten die Kranichschützer in den deutschen Kranich-Kerngebieten Mecklenburg-Vorpommern und Brandenburg schon wieder einen leichten Bestandsanstieg beobachten. Richtig aufwärts ging es dann ab den 90er Jahren. Die Kraniche breiteten sich nach Süden, Westen und Nordwesten aus, ehemals erloschene Brutgebiete in Dänemark, Schleswig-Holstein, Niedersachsen und Bayern wurden wieder besiedelt. Über 180 Kilometer erweiterten die Kraniche ihr Brutgebiet von 1972 bis heute: „Man kann sogar sagen, sie haben Gebiete neu erobert", sagt Wolfgang Mewes. „Auf Rügen und in Nordrhein-Westfalen brüten heute Kraniche, wo sie historisch nicht vorkamen. 2006 gab es in ganz Deutschland 5500 Brutpaare", sagt Wolfgang Mewes und rechnet vor: „Auf ein Brutpaar kommen im Schnitt 0,9 Junge. Dann muss

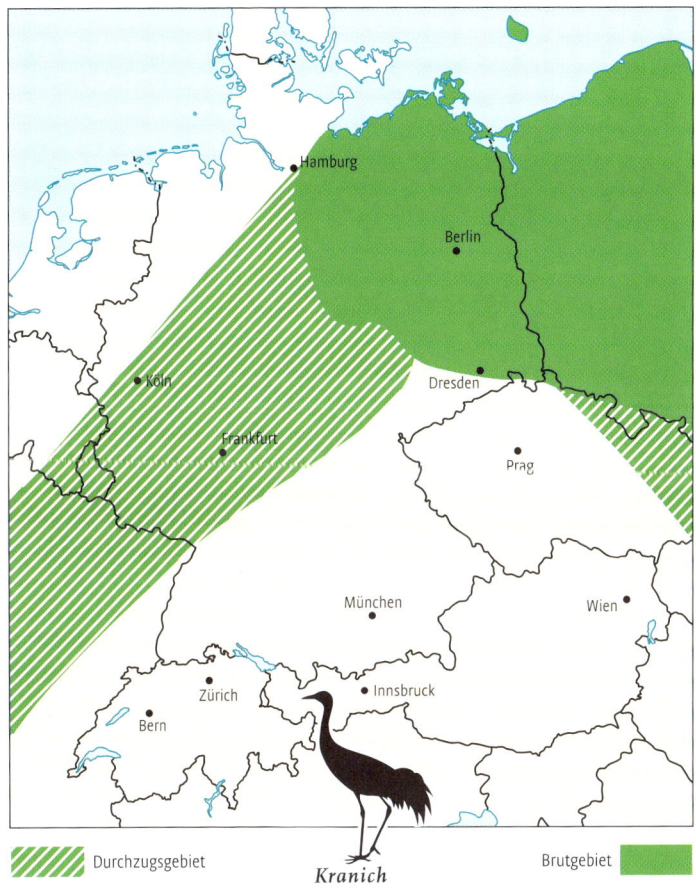

Durchzugsgebiet   *Kranich*   Brutgebiet

man noch 40 Prozent nicht brütende Vögel hinzurechnen. Macht stolze 25 000 Kraniche, die heute bei uns leben."

Natur-Kultur-Folger

Doch wie kam es zu diesem Bestandsanstieg? Mehrere Faktoren zeigten Wirkung. Zum einen waren es nationale und internationale Schutzmaßnahmen, also Jagdverbote und Ausweisung von Schutzgebieten. Dann wurden trockengelegte Flächen wieder vernässt, was zu mehr Brutplätzen führte. Und die Kraniche passten sich der Flächennutzung an: Sie verstanden es, die Vorteile der Kulturlandschaft zu nutzen. Seit Kraniche nicht mehr vom Menschen bejagt wurden, verringerten die scheuen Vögel langsam die Fluchtdistanz zu ihren ehemals größten Feinden. Sie lernten, dass Traktoren und vorbeifahrende Autos für sie keine Gefahren darstellen. So konnten sie intensiv genutzte landwirtschaftliche Flächen als Nahrungsquelle nutzen. „Der Mix aus Natur und Kulturlandschaft bietet dem Kranich sogar noch mehr Vorteile als eine reine Naturlandschaft", sagt Wolfgang Mewes, „deshalb haben wir in der mecklenburgischen Seenplatte, einem Mosaik aus landwirtschaftlichen

Schmetternde Trompete: Eine besonders lange Luftröhre ermöglicht weithin schallende Kranichrufe.

Flächen, Seen, Mooren und Wäldern, die höchste Brutdichte von acht Paaren auf 100 Quadratkilometer. Auch die jährlichen Wachstumsraten der gesamtdeutschen Population von acht Prozent sind sehr erfreulich."

Die 5. Jahreszeit – Kraniche als Wirtschaftsfaktor

Der internationale Einsatz der Kranichschützer bewirkte, dass vor allem die Überwinterungsgebiete wie die Extremadura und die Rastplätze auf den Zugstrecken geschützt wurden. Doch zigtausende Kraniche, auf eine Region konzentriert, führen zu Konflikten. Landwirte, deren Felder von solch einer Großformation besucht werden, können ihre Saat buchstäblich in den Wind schreiben und sind verständlicherweise erbost. „Wir haben uns aber mit den Bauern zusammengesetzt und Lösungen ausgearbeitet. Vor allem gezielte Ablenkungsfütterungen schaffen Abhilfe, das Saatproblem tritt ja nur kurzzeitig und vor allem im Frühjahr auf", erklärt Wolfgang Mewes. „Entstehen aber doch mal Schäden, erhalten die Betroffenen Ausgleichszahlungen."

Das funktioniert, denn schließlich bringen Kraniche auch Geld in die Kassen. In Mecklenburg-Vorpommern spricht der Tourismusverband gar von einer 5. Jahreszeit. Wenn die Kraniche im Herbst einfliegen, reisen auch die so genannten Birdwatcher und Cranewatcher an, Vogelfreunde und Kranichliebhaber aus der ganzen Welt, die sich dieses überwältigende Spektakel nicht entgehen lassen wollen. Allein in der Region Zingst wurden 2003 an die 40 000 zusätzliche Übernachtungen gezählt. „Mitte der 90er Jahre besuchten noch kaum 5000 Touristen jährlich das Kranichinformationszentrum in Groß Mohrdorf, mittlerweile sind es über 16 000 – an manchen Tagen im September platzt unser kleines Gebäude schon aus den Nähten." Wolfgang Mewes ist diese Kranich-Erfolgsgeschichte schon beinahe unheimlich.

Richtig ins Schwärmen gerät der Biologe, wenn das Thema auf die Kraniche selbst kommt, über die er seine Doktorarbeit geschrieben hat. Etwa, wenn er von den energiesparenden Keilformationen spricht, in denen jeder Kranich abwechselnd mal an der Spitze fliegt und Führungsarbeit leistet, um so in 24 Stunden Strecken von 1200 Kilometern zurücklegen zu können. Oder fasziniert berichtet, dass die Vögel mit ihren noch nicht flugfähigen Jungtieren im Sommer auch zu Fuß kilometerweit unterwegs sind. Besonders stolz ist Wolfgang Mewes, dass er sogar einzelne Kranichgelege nur anhand der Färbung der Eier „seinen" Kranichweibchen zuordnen kann, einige kennt er immerhin schon seit fast zwei Jahrzehnten.

Es war bei einer Wanderung durch einen dichten Uferwald am Schaalsee, an der Grenze Schleswig-Holsteins zu Mecklenburg-Vorpommern. Plötzlich stand ich vor einer alten knorrigen Eiche und verspürte den Drang hinaufzuklettern – eigentlich nur um die Aussicht zu genießen. Von der erhöhten Warte aus erfüllte sich mir unverhofft ein Kindheitstraum: Am Ufer entdeckte ich ein Kranichpaar, Ich war ganz stolz, die „Vögel des Glücks" endlich aus der Nähe sehen zu können, sie an ihrem Nest zu beobachten – ohne sie in ihrem Kranichglück zu stören.

Steckbrief Grauer Kranich *(Grus grus)*

Körpermaße	Weibchen (Henne): Körperlänge bis 110 cm; Flügelspannweite 210–225 cm; Gewicht 5–6 kg. Männchen (Hahn): Körperlänge bis 120 cm; Flügelspannweite 220–245 cm; Gewicht 6–7 kg.
Merkmale	Großer Schreitvogel, von der Statur ähnlich dem Graureiher und Weißstorch, aber deutlich größer. Flugsilhouette mit langem Hals und ausgestreckten Beinen, im Schnitt 45 bis 65 km/h, mit Rückenwind bis zu 130 km/h schnell. Hahn und Henne gleich gefärbt und kaum zu unterscheiden. Gefieder grau mit schwarz-weißer Kopf- und Halszeichnung und roter, federloser Kopfplatte. Letztere schwillt bei Erregung leuchtend rot an.
Sinne	Kraniche sehen und hören sehr gut, ihrem weiten Gesichtsfeld entgeht so gut wie keine Bewegung.
Nahrung	Allesfresser: Insekten, Larven, Würmer, Schnecken, Reptilien, Amphibien, kleine Fische bis zu Kleinsäugern. Auch pflanzliche Kost: Wurzeln, Sprossen, Samen, Grüntriebe, Früchte, von Mais über Eicheln bis zu Kartoffeln.
Feinde	Alttiere fallen Greifvögeln zum Opfer: Vor allem Adler, aber selbst der Habicht jagt Kraniche erfolgreich. Können sich mit ihren spitzen Schnäbeln gut verteidigen, so dass sie Nesträuber vom Fuchs bis hin zum Wildschwein in die Flucht schlagen.
Alter	Bis 30 Jahre, in Gefangenschaft schon über 40 Jahre erreicht.
Lebensraum	Verbreitet von Nord- und Mitteleuropa über ganz Nordasien. Zugvogel. Brütet immer im meist knietiefem Wasser, an Seen und Flüssen, in Au- und Bruchwäldern und großen Feuchtgebieten. Derzeit bei uns 5500 Brutpaare.

Die Großtrappe – Einflug des Giganten

Noch verhüllt Dämmerlicht die Wiesen im Havelländischen Luch. Nur schwach sind die Konturen einiger Bäume und Büsche zu erkennen. Plötzlich saust etwas am Aussichtsturm vorbei und entschwindet mit wuchtigen Flügelschlägen außer Sichtweite. Dabei entsteht ein derartiges Brausen, dass einem der Schreck in die Glieder fährt. Eine solche Luftverdrängung schafft nur einer hierzulande: der Trapphahn. Gemächliches Segeln ist nicht die Sache dieses Schreitvogels, denn anders als seine vergleichsweise schlanken, entfernten Verwandten, die Graukraniche, ist er ein echtes Schwergewicht. Mit bis zu 18 Kilogramm Körpergewicht ist er der schwerste flugfähige Vogel der Welt.

„Märkischer Strauß" hieß die Großtrappe früher wegen der zahlreichen Vorkommen in der märkischen Heide Brandenburgs. Im 19. Jahrhundert zogen tausende der großen Schreitvögel über die weitflächigen Gutsfelder nordöstlich der Elbe. Sie waren dort so häufig, dass manche Bauern sie als Plage sahen und sie massenweise geschossen wurden. 1940 ergaben Zählungen nur noch 4100 Exemplare.

Kraftvolles Schwergewicht: Großtrappen fliegen bis zu 200 Kilometer an einem Tag, filigrane Flugkünstler sind sie aber nicht gerade.

Nicht schützenswert?

In den 90er Jahren verpassten Spötter der Großtrappe den Namen „Millionen-Vogel". Und das nicht etwa, weil sich die Zahl der Vögel derart erhöht hätte. Im Gegenteil, 1996 lebten nur noch 55 dieser Kranichvögel in drei kleinen Restvorkommen in Brandenburg und Sachsen-Anhalt. Als die Bundesbahn begann, eine ICE-Trasse von Berlin nach Hannover durch eines der inselartigen Vorkommen zu legen, willigte sie nach Protesten von Naturschutzorganisationen ein, zusätzlich einen Schutzwall zu errichten. Der sollte verhindern, dass die Großtrappen gegen die elektrischen Oberleitungen fliegen oder mit vorbeirasenden Zügen kollidieren. Als bekannt wurde, dass der 5,6 Kilometer lange Erdwall 70 Millionen Mark kosten sollte, gab es einen Aufschrei in den Medien. Gegen die Großtrappe wurde massiv Stimmung gemacht, eine Boulevardzeitung erklärte sie zum „teuersten Vogel der Welt". Selbst unter Naturschützern entbrannte ein Streit, ob es sinnvoll sei, so viel Geld für den Schutz eines Vogels auszugeben. Schließlich sei er ja „nur" in Deutschland bedroht, international seien die Bestände aber noch stabil. Ob man da das Geld nicht besser in Projekte stecken sollte, die der Erhaltung anderer vom Aussterben bedrohter Tierarten dienten.

Ein Leben voller Hindernisse

Die Deutsche Bahn baute den Erdwall zum Schutz der Trappen. Schließlich kostete er „nur" 10 statt 70 Millionen Mark. Und keine der gewichtigen Großtrappen – die vom Flugverhalten etwas an schwer beladene Transportflugzeuge erinnern – kollidierte seitdem

Prachtvolle Kerle

In einiger Entfernung ist auf der Wiese plötzlich ein heller Fleck zu sehen. Kurz darauf ein Zweiter. Wie kleine entfachte Leuchtfeuer. Zwei Trapphähne haben sich aufgeplustert. Die stattlichen, gut einen Meter großen Tiere fallen normalerweise mit ihrem rotbraun, schwarz und weiß gesprenkelten Gefieder in der weitläufigen Landschaft kaum auf. Doch in Sekundenschnelle verwandeln sie sich in riesige, schneeweiße Federbälle, die kilometerweit zu sehen sind. Dazu spreizen sie ihren Schwanz und klappen ihn nach vorne über den Rücken, wodurch sie ihr weißes Unter-gefieder entblößen. Dann legen sie den Kopf in den Nacken und blasen den mächtigen Kehlsack wie einen Ballon auf. Während sie nun auf- und abschreiten, stoßen sie dumpfe Laute aus. Die Zeremonie soll den vergleichsweise kleinen und unscheinbaren Trapphennen imponieren, die meist versteckt am Rande des Schauplatzes hocken und diese Vorführung beobachten. Tief beeindruckt ist aber auch die Schar der Vogelfreunde, die auf dem Turm gedrängt durch ihre Ferngläser das Spektakel verfolgt.

mit der Bahn. Die Sorgen der Trappenschützer um Deutschlands „letzte Jumbos" waren damit aber noch nicht überstanden. Windkraftanlagen schossen nun rund ums Trappengebiet aus dem Boden und brachten erneut Kollisionsgefahr. Und auch wieder Streitigkeiten. Die Trappenbruten erlitten zudem hohe Verluste durch Seeadler, Füchse, Nebelkrähen und Kolkraben. Von zehn Jungvögeln überlebte im Schnitt nur eines das erste Jahr. Einige Kolkraben hatten sich derart aufs Plündern spezialisiert, dass sie gar regelmäßig die Gelege im umzäunten Naturschutz-

Stolzierender Trapphahn: Die Balz im Frühjahr zieht nicht nur Trapphennen an, sondern auch viele Vogelfreunde.

zentrum in Buckow besuchten und ausräumten. In dieser Station zogen Trappenzüchter seit 2004 zusätzlich Trappen auf und wilderten sie aus, um dem natürlichen Trappenbestand auf die Sprünge zu helfen. Über einige besonders freche Kolkraben waren die Trappenschützer so erbost, dass sie Sonderabschussgenehmigungen beantragten – die das Umweltministerium aber ablehnte. Schließlich waren die Kolkraben ja auch geschützt.

Die Großtrappe auf Brautschau

Die Balz erreicht kurz vor Mittag ihren Höhepunkt, mehrere Hähne tanzen auf der Wiese, dazwischen wandern die Hennen wählerisch umher. Dann scheint endlich eine beeindruckt und streckt sich vor ihrem Auserwählten flach auf den Boden. Dieser kapiert sofort und lässt sich nicht zweimal bitten. Für einen Moment verpackt er seinen Gefiederwust, denn nun stört er nur. Die Kopulation dauert nur wenige Sekunden. Dann heißt es für den Hahn, sich erneut in aller Pracht zu präsentieren. Schließlich sind ja noch weitere Hennen auf dem Balzplatz unterwegs, so viele wie lange nicht mehr.

Seit 2005 leben wieder über 100 Großtrappen in Deutschland. Auch in Oberösterreich, im Grenzgebiet zu Ungarn, Tschechien und der Slowakei, wo sich die nächste Trappenpopulation befindet, konnten 2006 insgesamt wieder 310 Tiere gezählt werden (gegenüber einem Tiefstand von 1997 mit 121 Trappen). Ein kleiner Erfolg, der zum Großteil in künstlicher Aufzucht der Trappenjungen fußt und der nur mittels extensiver Landwirtschaft und hohem Einsatz von Naturschützern gelang. Der Weltbestand der Großtrappen wird auf 45 000 Tiere geschätzt. In Europa leben etwa 35 000 Großtrappen, davon allein über 23 000 in Spanien. Die Zahlen klingen beruhigend. Weshalb dann solch ein Aufheben um die hundert Trappen bei uns? Weil die Aufgabe unserer Trappenpopulation ein verheerendes Zeichen für den Naturschutz wäre, vor allem für den in Ländern mit weit geringeren finanziellen Mitteln. Und weil auch unsere Kinder die Möglichkeit haben sollten, die faszinierende Balz des „märkischen Strauß" noch erleben zu können.

Steckbrief Großtrappe *(Otis tarda tarda)*

Körpermaße	Weibchen (Henne): Körperlänge bis 80 cm; Flügelspannweite 190–210 cm; Gewicht 6–8 kg. Männchen (Hahn): Körperlänge bis 105 cm; Flügelspannweite 210–250 cm; Gewicht 8–18 kg.
Merkmale	Kräftige, grau-rotbraune, weiß-schwarz gesprenkelte Schreitvögel, wechseln bevorzugt zu Fuß ihren Einstand. Sind aber kraftvolle und recht ausdauernde Flieger – bis zu 200 km am Tag – die trotz ihres beachtlichen Gewichts fast ohne Anlauf vom Boden abheben. Leben gesellig, häufig in getrenntgeschlechtlichen Gruppen, oftmals aber vergesellschaftet mit Rehen. Imposante Balz, in Deutschland von Februar bis in den Mai hinein.
Sinne	Trappen sehen und hören sehr gut, ihrem weiten Gesichtsfeld entgeht so gut wie keine Bewegung.
Nahrung	Allesfresser, erwachsene Tiere fressen Kräuter, Samen, Früchte, Insekten und Kleinsäuger. Jungtiere werden mit Insekten gefüttert.
Feinde	Nur schwächere Alttiere fallen ausnahmsweise See- oder Steinadler zum Opfer, Jungvögel und Gelege durch Füchse, Marder, Greif- und Krähenvögel gefährdet.
Alter	20–25 Jahre, in Gefangenschaft schon über 50 Jahre erreicht.
Lebensraum	Verbreitet von Spanien bis China. Ehemals reiner Steppenvogel, in Europa Kulturfolger offener, extensiv genutzter landwirtschaftlicher Nutzflächen. Bodenbrüter. Bei uns Standvogel, zieht in extremen Winterjahren in westliche und südwestliche Richtung, z. B. in die Niederlande (zuletzt 1979).

Der Kormoran – erst unbeliebt, dann selten

Die Potsdamer Gardejäger, ein Elite-Infanterieregiment der Preußen, verdienten sich schon gegen Napoleon ihre Meriten und wurden immer dann eingesetzt, wenn es besonders brenzlig wurde. Um 1870 bis 1880 rief man sie nach Caputh, nicht weit von Potsdam gelegen. Sie rückten aus und marschierten zum Schwielowsee, formierten sich dort in Linie und eröffneten das Feuer: Ihr Ziel war eine Kolonie von Kormoranen, die sie bis zum letzten Vogel vernichten sollten. Ein untrügliches Beispiel, das zeigt, wie verhasst der metallisch-schwarze Vogel im 19. Jahrhundert war und wie sehr der fast gänsegroße Wasservogel mit dem langen Schnabel und der für ihn typischen scharfhakigen Spitze bekämpft wurde. Kormorane galten und gelten teilweise heute noch als „schlimmste Fischräuber", selbst Ornithologen beteiligten sich an ihrer Verfolgung. Lakonisch notierte ein Wissenschaftler in der Jahreshauptversammlung der Deutschen Ornithologen Gesellschaft 1879 bei Stettin, es sei „gar nicht schwierig, die Vögel in der Nähe der Nester aus der Luft zu schießen ...".

Der Neid des Menschen auf den fischenden Vogel sorgte nachhaltig dafür, dass Kormorane bekämpft wurden, wo sie sich nur blicken ließen. Die uneingeschränkte Verfolgung wurde schließlich 1935 mit dem Reichsnaturschutzgesetz gestoppt, Massaker wie im 19. Jahrhundert waren fortan nicht mehr möglich – aber auch nicht mehr nötig, denn der Kormoran war aus Deutschland und weiten Teilen Europas verschwunden. Abgesehen von wenigen Brutversuchen, blieb der Vogel auch nach dem Zweiten Weltkrieg bei uns eine Seltenheit, sodass kaum ein Mensch sich noch an ihn erinnerte.

Um wieder volle Flugfähigkeit zu erreichen, trocknen Kormorane ihre Flügel nach der Fischjagd in dieser typischen Haltung.

Wieder zahlreich – wieder unbeliebt?

In den 80er Jahren wurde der Schutzstatus für Kormorane in Westdeutschland nochmals erhöht, es galt absolutes Jagdverbot. Entlang der Ostseeküste tauchten daraufhin zunächst spärlich einige Vögel auf und ließen sich nieder. Der nun langsam einsetzende Populationsanstieg der hervorragend angepassten Tauchvögel wurde dadurch beflügelt, dass Seen

Dämmerung über einer Kormorankolonie. Hoffentlich kein böses Omen.

und Flüsse langsam wieder sauberer wurden und vor allem der Fischbestand zunahm. So explodierte die Zahl der Kormorane Mitte der 80er Jahre regelrecht. Es dauerte nicht lange, und die „Meerraben" gehörten wieder zum Alltagsbild, wie sie mit typisch schnellem Flügelschlag scharf über die Wasserlinie flogen. Zu hunderten hockten sie bald entlang der Küsten und Seen auf Reusenpfählen, um von dort aus immer wieder ins Wasser einzutauchen, kurz darauf mit zappelnder Beute auf die Pfähle zurückzukehren und nach vollendetem Mahl genüsslich ihre Flügel zum Trocknen auszubreiten.

Es dauerte auch nicht lange, bis dieser Anblick die Fischer zum Rasen brachte, denn Mitte der 90er Jahre lebten allein in Mecklenburg-Vorpommern und Schleswig-Holstein wieder 12 000 Brutpaare. Die Rede war vom „geflügelten Unterwasserterroristen", der „Überbestand an Kormoranen" sei schuld an leergefischten Gewässern. Die Dezimierung „ihrer" Fischbestände wollten einige Fischer nicht kampflos erdulden und riefen wiederum zur Dezimierung des Kormorans auf, was die Naturschützer erneut auf die Barrikaden brachte. Regional brachen regelrechte „Kormorankriege" aus. 2006 kam es zum hart errungenen Kompromiss: Kormorane durften nun zum „Schutz der heimischen Tierwelt und zur Abwendung erheblicher fischereiwirtschaftlicher Schäden nach besonderer Maßgabe" wieder abgeschossen werden, wie es das Bundesnaturschutzgesetz formulierte.

Werft die Flinte ins Korn

Wie andere Tierpopulationen pendeln sich auch Kormoranbestände nach ökologischen Faktoren ein, wie Wissenschaftler gebetsmühlenartig wiederholen. Die Natur mit Flinte und Büchse ins Gleichgewicht bringen zu wollen, ist folglich sinnlos. Wenn die Entscheidung aber hilft, den Hass einiger auf den Kormoran zu mildern, dann war sie wohl pragmatisch und wird dem exzellenten Fischjäger vielleicht ein langfristiges Überleben bei uns sichern. Falls nicht wieder das Feuer à la Gardejäger eröffnet wird.

Steckbrief Kormoran *(Phalacrocorax carbo)*

Körpermaße	Weibchen: Körperlänge bis 80 cm; Flügelspannweite 120–135 cm; Gewicht 1,5–2,1 kg. Männchen: Körperlänge bis 94 cm; Flügelspannweite 125–147 cm; Gewicht 1,9–2,7 kg.
Merkmale	Schlanker, fast gänsegroßer Wasservogel, Gefieder überwiegend schwarz, aus der Nähe metallischer Schimmer zu erkennen, Wangen und Kinn weiß. Schmuckfederschopf am Hinterkopf. Langer Schnabel mit Haken an der Spitze. Schwimmhäute zwischen den Zehen. Geschlechter kaum auseinanderzuhalten. Ruhiger Flug trotz rascher Flügelschläge, Flügel genau in der Körpermitte, daher Flugbild wie ein „fliegendes Kreuz". Tauchgänge 15–30, ausnahmsweise 70 Sekunden lang und bis zu 16 Metern tief.
Sinne	Dank durchsichtiger Nickhäute, die beim Tauchen die Augen bedecken, können sie sehr gut unter Wasser sehen.
Nahrung	Fische aller Art, durchschnittlich sind die Beutefische 10 bis 20 cm lang und 50 bis 200 g schwer, in Ausnahmen bis 800 g. Tagesbedarf 400 g.
Feinde	Ausnahmsweise schlagen Habichte, Wanderfalken und Seeadler ausgewachsene Kormorane, letztere plündern aber häufiger deren Gelege und jagen Kormoranen bevorzugt ihre Beute ab.
Alter	Über 20 Jahre.
Lebensraum	Verbreitet gebietsweise von Nordamerika über Europa bis Japan. In Gewässernähe, vorwiegend an der Küste, neuerdings bei uns auch vermehrt im Binnenland. Typisch für Brutkolonien sind die mit dem ätzend weißen Kot bedeckten, abgestorbenen Horstbäume.

Der Kolkrabe – ein wahrer Unglücksvogel

Aber wehe, wehe, wehe... Böse Vorahnungen beschlichen den Leser doch schon bei der Lektüre von Wilhelm Buschs „Hans Huckebein". Der Unglücksrabe, der Kater, Spitz und Tante Lotte foppte und sich schließlich – nach heimlichem Genuss eines Gläschen Likörs – beschwipst im Strickzeug der Tante verheddert:

Der Tisch ist glatt – der Böse taumelt. Das Ende naht – sieh da! er baumelt.

„Die Bosheit war sein Hauptpläsier, drum" – spricht die Tante – „hängt er hier!"

Wenn es eine Richterskala der meistgehassten Tiere der vergangenen Jahrhunderte gäbe, dann würde dem „Rabengesindel" ein Platz in den oberen Rängen zuteil. Kaum ein anderes Tier galt als derart „böse, hintertrieben, teuflisch, diebisch, intrigant, mörderisch". Bei der Aufzählung der Charaktereigenschaften erhält man den Eindruck, dass dem Menschen gar keine andere Wahl blieb, als die Rabenvögel auszutilgen.

Rabenschwarz: Dem intelligenten Vogel wurde leider viel Unheilvolles angedichtet.

Rabengeschichte

Doch halt: Auch Raben hatten zu Anfang einen besseren Ruf. Unsere Vorfahren, die Germanen, sahen wohl noch ehrfürchtig zu den schwarzen Vögeln auf, die – wie der Wolf – ihren höchsten Gott auf seinem morgendlichen Ritt über den Himmel begleiteten. Odin sandte dann seine beiden Raben Hugin und Munin aus, damit sie ihn über alle Neuigkeiten in der Welt informierten. Der Stellenwert der Göttervögel war derart hoch, dass unsere Vorfahren ihre Toten nach einer Schlacht den heiligen Tieren zum Opfer überließen.

Spätestens, als das Christentum die heidnischen Götter verjagte, war auch die himmlische Karriere der Raben beendet. Die ehemaligen Göttergesandten sanken in der Gunst. In christlichen Überlieferungen fiel den Raben ein weniger glanzvoller Part zu: Als Noah mit seiner Arche durch die Flut schipperte, sandte er als Späher ebenfalls einen Raben aus. Doch der versagte ihm den Dienst, sodass Noah die Taube bemühen musste, die, mit einem Zweig im Schnabel zurückkehrend, einer steilen Sympathie-Karriere entgegenflog.

Todesbote – Unheilsbringer

Was den Raben einen nachhaltig unheilvollen Ruf einbrachte, war ihr zahlreiches Erscheinen auf den Schlachtfeldern, von denen es im Mittelalter sehr viele gab. Raben wurden zu ständigen Begleitern der Heere. Als Aasfresser leisteten sie auf den Schlachtfeldern zwar einen seuchenhygienischen Beitrag, aber diese nüchterne Betrachtung ist eine wissenschaftliche aus heutiger Perspektive. Ein ins Gefecht ziehender Landsknecht dachte wohl ganz anders über die Raben, die über seinem Kopf kreisten.

Und auch an unheimlichen Plätzen außerhalb der Städte waren Rabenvögel stets anzutreffen, sobald sich dort Menschen versammelten: an den Galgenbäumen. Der Ursprung der Assoziation zum Galgenvogel liegt also auf der Hand. Als Verkünder von Tod, Unglück, Streit, Krieg, Pest und Not schwirrten die Vögel durch den Volksglauben. Menschen, die verdammt waren, endeten in Geschichten und Märchen meist als Raben, und schließlich lehrte ein Kinderlied, warum man als Reiter tunlichst nicht in den Graben fallen sollte. Ganz nebenbei galten Raben den Bauern und Jägern als Schädlinge, hieß es doch schon damals, dass sie Lämmer schlagen, dem lieben Vieh die Augen aushacken und die „nützlichen" Singvögel dezimieren. Die schwarze Gefiederfarbe und ihre raue, krächzende Stimme trugen ebenfalls nicht zur Imageverbesserung der großen Singvögel bei: Im Gegenteil, der Ruf der Raben war bald gründlich ruiniert.

Doch bei Rufmord blieb es nicht, auch handfest ging man gegen die Brut vor: Im 19. Jahrhundert begann eine derart gruselige Ausrottungskampagne, dass sie später Alfred Hitchcock dazu animiert haben könnte, den Rabenvögeln in seinem Film „Die Vögel" einen Platz zu gewähren, um sich an den Menschen rächen zu können. Doch der Altvater des Gruselfilms wird dazu nichts mehr sagen. Da dem Raben mit der Flinte im 19. Jahrhundert allein nicht beizukommen war, wurden Tellereisen, Drahtschlingen, Leimruten und Schlagfallen ausgelegt. Zudem brachten mit Strychnin und anderen Giftcocktails versehene Köder den gewünschten Erfolg: Anfang des 20. Jahrhunderts waren weite Teile West- und Mitteleuropas kolkrabenfrei. Letzte Rückzugsgebiete lagen östlich Polens und im Alpenbogen. In Deutschland hatte sich zudem noch ein kleiner Bestand in Schleswig-Holstein gehalten.

Die Rückkehr des Kolkraben

Der Tiefstand der Kolkrabenpopulation war in den 40er Jahren erreicht. Doch als man die Verfolgung der Raben einstellte, begann recht bald die Wiederkehr. Seit den 60er Jahren breiten sich die Kolkraben, ausgehend von den Reliktbeständen, wieder über Deutschland und Mitteleuropa aus. Da die Altvögel sehr standorttreu sind, sind es nahezu ausschließlich die Jungvögel, die vor der Geschlechtsreife in Schwärmen umherstreifen, neue Gebiete erkunden und sich dort ansiedeln. So erobern sie jährlich vier bis zehn Kilometer ihres verlorenen Terrains zurück. Zudem wurden einige Wiederansiedlungen unternommen, etwa in Nordrhein-Westfalen, Thüringen und in den Nachbarländern Belgien und den Niederlanden, um die Wiederkehr lokal zu stützen. Und die Chancen dafür stehen ganz gut. Denn Dank seiner hohen Anpassungsfähigkeit wird der Kolkrabe voraussichtlich in ganz Mitteleuropa tatsächlich wieder heimisch werden.

Trotz seines wenig melodischen Gesanges gehört der Kolkrabe zu den Singvögeln und ist sogar der größte Singvogel der Erde. Fast doppelt so groß wie eine Krähe, fällt er vor allem durch seinen metallisch dunklen Ruf, dem „Krock-Krock-Krock", auf. Was ihn aber besonders auszeichnet, ist seine hohe Intelligenz. Die spiegelt sich in seiner enormen Lern- und Anpassungsfähigkeit wider. Raben können täuschend echt Laute ihrer Umwelt imitieren, einige lernen sogar die menschliche Stimme nachzuahmen. Zudem wissen sie die Kulturlandschaft zu ihren Gunsten zu nutzen, als Aas- und Allesfresser stillen sie ihren Hunger in Scharen an Abfallplätzen und Mülldeponien. In der Landwirtschaft suchen sie große Weideherden auf, dort vertilgen sie die Nachgeburten des Viehs und sind sofort zur Stelle, wenn ein Tier einer Herde krank ist oder stirbt. Nur ausnahmsweise töten sie selbst geschwächte Lämmer und Kitze oder überwältigen Hausgeflügel.

Kolkraben auf einem winterlich verschneiten Baum – hoffentlich auch bei uns bald wieder ein typisches Bild.

Stimmungswechsel?

Doch die ursprüngliche Euphorie über häufiger werdende Kolkraben in Deutschland beginnt sich zu wandeln. Denn mit zunehmender Ausbreitung mehren sich die Horrormeldungen über „Killerraben", die Schafe töten, Kühen die Augen auspicken, Singvögel und Bodenbrüter ausrotten. Und wieder sind Stimmen zu hören, die ein „Feuer frei" fordern und, dass „das krächzende schwarze Gesindel reguliert werden muss.".

Böse Vorahnungen über das Schicksal des schwarzgefiederten Tunichtguts beschlichen einen ja schon bei der Lektüre von „Hans Huckebein":

Tante Lotte: „Ach!" – ruft sie – „er ist doch nicht gut!"

„Weil er mir was zuleide tut!"

„Dies wird des Raben Ende sein!"

Hoffen wir, dass es nicht so ist. Dass sich Einsicht bei uns durchsetzt und wir aus der Geschichte lernen und Kolkraben, ebenso wie die Krähen, wieder zu unserem typischen Landschaftsbild gehören.

Steckbrief Kolkrabe *(Corvus corax)*

Körpermaße	Weibchen: Körperlänge bis 60 cm; Flügelspannweite 105–115 cm; Gewicht 1070–1230 g. Männchen: Körperlänge bis 65 cm; Flügelspannweite 110–120 cm; Gewicht 1080–1460 g.
Merkmale	Kräftiger, schwarz metallisch glänzender Rabenvogel mit auffallend kräftigem Schnabel. Im Flug sind der keilförmige Schwanz und der verhältnismäßig langsame Flügelschlag typische Merkmale. Vollführt imposante Flugmanöver, kann z. B. als einziger Rabenvogel kurzzeitig auf dem Rücken fliegen. Aus der Distanz vor allem am völlig verschiedenen Ruf von der sonst so ähnlichen Rabenkrähe zu unterscheiden.
Sinne	Hervorragend ausgebildete Sinne.
Nahrung	Allesfresser, abhängig vom lokalen Nahrungsangebot: Beeren, Obst, Pilze Samen, Wurzeln. Tierische Nahrung besteht weniger aus Insekten, sondern vor allem aus Kleinsäugern, Vögeln und deren Brut, Reptilien, Amphibien und Fischen. Eine große Rolle spielt Aas, Fallwild, Weidetier- und Haustierkadaver, kann mitunter auch schwache Lämmer und Kitze töten. Findet sich regelmäßig an Rissen von Wölfen und Steinadlern ein.
Feinde	Keine. Ausnahmsweise schlagen Steinadler oder Uhu einen unvorsichtigen Raben. Rabengelege werden durch Marder dezimiert, die Bestände werden vor allem durch innerartliche Konkurrenz reguliert.
Alter	Bis zu 20 Jahre.
Lebensraum	Nahezu auf der gesamten Nordhalbkugel verbreitet. Sehr anpassungsfähig, kommt in vielen verschiedenen Lebensräumen vor. Durch die harte Verfolgung sehr scheu geworden, bei uns vor allem in der Nähe von Waldgebieten und Felsregionen, wo er ungestörte Brutplätze findet.

Claus Reuther – ein Freund des Fischotters

Wird die Rückkehr bedrohter Tierarten in den Nachrichten vermeldet, bedeutet dies auch, dass sich Menschen für diese Tiere eingesetzt haben. Stellvertretend sei an dieser Stelle Claus Reuther genannt.

Deutschland Anfang der 70er Jahre: Die Zeiten des Wirtschaftswunders sind vorüber, die Industriegesellschaft steht vor Ölkrisen und blickt auf ernüchternde Wirtschaftszahlen, um die Umwelt steht es auch nicht zum Besten: Umweltverschmutzung und Artenrückgang werden immer offensichtlicher. „Opfer" dieser Entwicklung ist auch der Fischotter. Trotz seiner jagdlichen Schonung seit 1968 nehmen selbst im flussreichen Niedersachsen die Bestände des possierlichen Wassermarders dramatisch ab. Experten schätzen ihre Zahl in Niedersachsen – wo sich die Hauptpopulation der Bundesrepublik befindet – nur noch auf wenige hundert Tiere.

Zur Ergründung dieses Phänomens und der Entwicklung von „Hilfsmaßnahmen" für den Fischotter errichtete die niedersächsische Landesforstverwaltung 1979 in Oderhaus im Harz ein Fischotter-Forschungszentrum. Initiator und Leiter: Claus Reuther. Claus Reuther ist der „Urtyp" eines Försters: ein kerniger 29-Jähriger in Lederhose, mit vollem dunklen Haar und Rauschebart, dessen Vorfahren seit Generationen den Grünrock trugen. Die Motivation des gebürtigen Berliners war nicht nur dienstlicher Natur. Auch in seiner Freizeit engagierte er sich für den Fischotter. 1979 gründete er mit weiteren Naturschützern die „Aktion Fischotterschutz", initiierte das erste Internationale Otter Kolloquium. Ziel war, sich möglichst schnell mit Experten weltweit auszutauschen. Reuther ist geradezu besessen davon, mehr über Fischotter zu erfahren. Wo kommen sie vor? Wie schwimmen sie? Wie jagen sie? Wie verständi-

Zu Lande und zu Wasser ist der Fischotter äußerst mobil. Seine Bewegungsfreude gipfelt in Schlitterpartien auf Schnee und Schlamm.

gen sie sich? Wie sieht ihr optimaler Lebensraum aus? Und die entscheidende Frage: Warum sind sie so selten geworden? Seither sind die Otter Kolloquien auch zu einem festen Bestandteil im internationalen Fischotterschutz geworden. Die zehnte Veranstaltung ist für das Jahr 2007 in Südkorea vorgesehen.

Die Aktion Fischotterschutz erarbeitete mit den niedersächsischen Fachbehörden ein in Europa einzigartiges Projekt: das Fischotter-Lebensraum-Programm. Reuther und seine Mitarbeiter wanderten rund 5000 Kilometer Bach- und Flussläufe ab, von der Quelle bis zur Mündung. Sie hielten nicht nur nach Otterspuren Ausschau, sie versuchten auch, die Gewässer mit Otteraugen zu beurteilen: Gibt es Ruheplätze, Gebüsche, ungemähte Krautzonen? Sind neben Steilufern auch Flachwasserbereiche vorhanden? Wie sehen Beutetierspektrum und Wasserqualität aus? Das Resultat waren ein umfassendes Kartierungswerk und ernüchternde Ergebnisse: Viele Gewässer waren durch Flurbereinigungen zu tristen, naturfeindlichen Industriekanälen verkommen. Lebensraum für die Otter war kaum noch vorhanden.

Reuthers Vorgesetzte erkannten, dass es dem rührigen Mann mit dem imposanten Bart nicht allein um die niedlichen Wassermarder ging, sondern um die gebeutelte Natur insgesamt. Entsprechend hatte er einen unbequemen Maßnahmenkatalog ausgearbeitet. Der landete 1984 auf dem Tisch des Landwirtschaftsministeriums und wanderte direkt weiter in die unterste Schublade. So sympathisch fand man das Symboltier Fischotter in Hannover nun doch nicht, dass man viel Geld dafür ausgeben wollte. Im Gegenteil: Aus der Landeshauptstadt kam bald ein Schreiben, das Fischotter-Forschungsgehege im Harz zum Jahresende 1987 zu schließen. Man wisse nun genug.

Diese Ansicht teilten Claus Reuther und die Aktivisten des Fischotterschutzes indes überhaupt nicht und beschlossen, das Projekt trotzdem fortzuführen. 1988 fanden sie in Hankensbüttel (Kreis Gifhorn) ein Domizil für ihr neues Otter-Zentrum. Claus Reuther hing den Grünrock an den Nagel und wurde hauptamtlicher Geschäftsführer der Aktion Fischotterschutz.

Neue Heimat für die Fischotter

Neben Forschung und praktischem Naturschutz stand die Idee, die Umweltbildungsarbeit zu verwirklichen, ganz oben auf der Agenda. Die Menschen sollten die Fischotter in Freigehegen erleben können. Reuther und seine Mitstreiter schafften es mit Hilfe professioneller Öffentlichkeitsarbeit, Spenden, Mitgliedsbeiträgen und Besuchereinnahmen, das Zentrum auszubauen und das Örtchen Hankensbüttel überregional bekannt zu machen: Über 100 000 Besucher werden jährlich registriert. Dass das Otter-Zentrum in der abgelegenen Region eingerichtet wurde, war kein Zufall. Genau dort klaffte die Lücke zwischen den Otterpopulationen in der damaligen DDR (im Südlichen Drömling in Sachsen-Anhalt) und denen zwischen Ems und Südheide in Westdeutschland. Zudem fließt dort mit der Ise einer der entscheidenden Verbindungsflüsse – allerdings sickert sie nur noch in einer schnurgeraden Rinne durch eine ausgeräumte Agrarlandschaft.

Reuther hatte eine Vision: Dieser trostlose Kanal sollte wieder Heimat für Otter werden. Das Konzept der Naturschützer beinhaltete nicht nur die Ausweisung von Schutzgebieten, sondern auch die Einbeziehung der Menschen. Daher setzten Reuther und seine Kollegen sich mit den Landwirten und Anrainern in allen Dörfern entlang der Ise zusammen, um verschiedene Projekte zu diskutieren.

Ein Projekt war beispielsweise eine alternative Landwirtschaft mit ursprünglichen Haustierrassen, die künftig entlang der Ise grasen sollten. Anstatt mit der Brechstange den Fluss zu renaturieren, sollten durch die langsam aufstrebende Ufervegetation und die Kraft des Wassers die Kreationskräfte der Natur genutzt werden. Reuther war klar, dass dies ein dynamischer, aber sehr zeitaufwändiger Prozess ist. Doch als Förster hatte er gelernt, vorausschauend und in langen Umtriebszeiten zu denken.

Reuthers Schaffensdrang war unbändig: Er beteiligte sich an zahlreichen Projekten, wurde mit nationalen und internationalen Naturschutz-Preisen geehrt. Vor Rückschlägen war auch Claus Reuther nicht gefeit. Manch einer sah in ihm einen cleveren, mit allen Wassern gewaschenen Geschäftsmann. Nach einem Brand im

Der Anblick täuscht: Fischotter fressen keinesfalls nur Fisch, ihr Speiseplan reicht von Amphibien bis hin zu Wasservögeln.

Der Spieltrieb ist bei Fischottern sehr ausgeprägt und hält zeitlebens an.

Otter-Zentrum 1993 verdächtigte man ihn der Brandstiftung und des Versicherungsbetrugs, doch 1995 wurde er vor Gericht freigesprochen. Für seine Mitstreiter war er Visionär eines neuen Weges im Naturschutz. Allerdings forderte er höchsten Einsatz und machte es ihnen zuweilen nicht leicht, ihn zu verstehen.

Im Dezember 2004 starb Claus Reuther im Alter von 54 Jahren. In jenen Tagen hatte ein Zivildienstleistender des Otter-Zentrums eine besondere Begegnung. Auf seiner morgendlichen Jogging-Runde entlang der Ise stieß er auf einen Fischotter. Die Mitarbeiter des Otter-Zentrums hielten den Zivildienstleistenden für verrückt – es seien alle Otter im Gehege, ein Ausbruch aus dem Gelände sei zudem unmöglich. Doch wenige Tage später sahen auch andere Mitarbeiter den Neuankömmling und es wurde zur Gewissheit und für die Naturschützer zu einer Art Symbol: Der erste wilde Fischotter war in die Ise zurückgekehrt.

Sein Element ist das Wasser

Wer die seltene Gelegenheit hat, dem heimischen Fischotter an Land zu begegnen, wird ein behändes, schlankes, dunkelbraunes Tier vor sich sehen. Der Fischotter ist etwa so groß wie ein Fuchs, hat im Vergleich aber kürzere Beine. Ausgewachsene Männchen werden annähernd eineinhalb Meter lang und an die zwölf Kilo schwer. Wobei aber alleine der runde, muskulöse Schwanz einen halben Meter misst. Während er sich auch an Land im typischen Mardergalopp recht schnell fortbewegt, wirkt der Fischotter im nassen Element mit seiner langen Gestalt und dank seiner Geschwindigkeit wie ein Torpedo. Er taucht wie ein Pfeil ins Wasser, wendet auf engstem Raum und verschwindet blitzschnell unter einer Wurzel. Nur eine

Perlenkette von Luftbläschen bleibt zurück und erinnert an den vollkommensten Schwimmer unter den Landraubtieren. Auch wenn der Fischotter bis zu acht Minuten und 18 Meter tief tauchen kann, dauern seine durchschnittlichen Tauchgänge nur eine Minute. Ähnlich einem Delfin kann er annähernd einen Meter hoch aus dem Wasser schießen. Dank der Schwimmhäute, die er zwischen den fünf Zehen aller vier Pfoten hat, treibt er sich im Gegensatz zum Biber mit Vorder- und Hinterbeinen an und kann bis zu 14 Stundenkilometer schnell schwimmen.

Nicht nur Fische

Der Otter ist ein reiner Fleischfresser, der überwiegend nachts zu seinen Beutezügen entlang der Gewässerufer aufbricht, um in Buchtungen und Wurzelhöhlen, unter Steinen und im Schilf nach Beute zu suchen. Während auch 10 bis 20 Zentimeter lange Fische auf seiner Speisekarte stehen, frisst der Fischotter alle lebenden Kleintiere, die ihm in die Quere kommen: Würmer, Schnecken und Muscheln, Frösche, Vögel und Mäuse bis hin zu Bisamratten. Je nach Jahreszeit verschieben sich sein Beutespektrum und die Phase seiner Aktivität. Zur Laichzeit im Frühjahr dominieren Amphibien den Speiseplan, zur Brut- und Aufzuchtszeit der Vögel im Sommer tut er sich gerne an deren Nachwuchs gütlich. Schwanenküken, aber auch erwachsene Enten und Blässhühner müssen vor ihm auf der Hut sein. Im Winter ist er häufiger tagaktiv. Der Fischotter kann zwar längere Ruhepausen einlegen und sich in seinem Bau aufhalten, Winterruhe oder -schlaf hält er aber nicht.

Ein Otter-Leben

Bis zu 20 Kilometer legt ein Fischotter im Wasser und an Land bei seinen nächtlichen Streifzügen zurück. Er läuft querfeldein und kann so zwischen verschiedenen Gewässern wechseln. Entsprechend benötigen Fischotter große Reviere. Bis zu 40 Kilometer Flusslauf beansprucht ein Männchen, die er gegen Rivalen verteidigt. Überschneidungen gibt es lediglich mit den Revieren der Weibchen, die sich mit maximal 20 Kilometern begnügen. Markant sind die Ottersteige, die ausgehöhlten Ein- und Ausstiegsstellen. Diese benutzen die Otter wie Rutschbahnen, auch, um ihren natürlichen Feinden – Wolf, Luchs, Seeadler und Uhu – zu entkommen.

Tagsüber dösen Fischotter in ihren Verstecken: Höhlen oder Unterspülungen, verlassene Kaninchen- und Fuchsbaue, Bisam- oder Biberburgen. In diesen Verstecken werden die Jungen geboren. Ein bis vier blinde, mausgraue Junge erblicken pro Jahr das Licht der Welt. Ab dem zweiten Lebensmonat steht Schwimmunterricht auf dem Stundenplan der kleinen Fischotter: Die ängstlich dreinblickenden Jungen werden von der Mutter mit sanfter Gewalt ins

Wasser geschubst. Dort dümpeln die Kleinen zunächst dank ihres luftig-flauschigen Fells wie Bojen an der Oberfläche. Spätestens im Alter von einem Jahr haben sie von der Mutter die komplizierte Jagd erlernt und verabschieden sich auf der Suche nach einem eigenen Revier.

Sein größter Feind ist der Mensch

Der größte Feind des Otters ist der Mensch. Zunächst jagte er ihn nur wegen des Pelzes – der mit bis zu 50 000 Haaren pro Quadratzentimeter noch dichter ist als Biberpelz. Und wegen des Fleisches. Wie den Biber hatte man den Fischotter kurzerhand zum Fisch erklärt und er war somit als Fastenspeise genehm. Mit der Bevölkerungszunahme im ausgehenden Mittelalter wurde der Otter aber mehr und mehr als Konkurrent wahrgenommen. Die weit verbreitete Meinung, Fischotter würden ausschließlich Fisch fressen, schürte den Hass. Kopfgelder für jeden Fischotter-Kadaver spornten die Otterjäger an. Mit Eisen und Schlingfallen, Netzen, Harpunen und Schusswaffen rüsteten sich die Jäger aus und züchteten speziell zur Hetze im Wasser zähe Otterhunde.

Beim „Ottersturm", einem Vernichtungsfeldzug, gingen die Jäger gnadenlos vor. Die Fischotter wurden aufgespießt, erschlagen, ertranken in Unterwasserfallen. Otterwelpen wurden im Bau aufgespürt und gepfählt. Die durch die Todesschreie angelockten Muttertiere konnte man so auch erledigen. Zu Spitzenzeiten wurden im 19. Jahrhundert allein in Deutschland jährlich 10 000 Otter erlegt. Doch selbst dies überlebten genug Tiere, um den Bestand auf lange Sicht zu erhalten.

Mitte des 20. Jahrhunderts brach die Population dennoch zusammen. Selbst durch ein Jagdverbot war diese Entwicklung nicht aufzuhalten. Die schwerwiegendsten Ursachen dafür waren unter anderem Gewässerverbauung, Trockenlegungen und Flurbereinigungen. Doch auch ein Chemiecocktail hatte verheerende Folgen: Giftstoffe aus Haushalt, Industrie und Landwirtschaft, die in großen Mengen in die Gewässer eingeleitet wurden oder sich sogar über die Luft ausbreiteten. Den polychlorierten Biphenylen (PCB), Verbindungen, die in verschiedenen Plastiksorten vorkommen, schien dabei eine besondere Rolle zuzukommen. An der Spitze der Nahrungskette stehend, sammelten sich die polychlorierten Biphenyle auch im Fischotter an. In der Folge büßten die Otter ihre Fortpflanzungsfähigkeit ein und starben auch direkt an der Vergiftung. Erst das Anfang der 90er Jahre vereinbarte weltweite Verbot langlebiger Kohlenwasserstoffe sowie weitere Maßnahmen zur Reinhaltung der Gewässer, ließ die Chancen für die Erholung der Otterbestände wachsen.

▨▨▨ sporadisches Vorkommen	dauerhaftes Vorkommen ▮

Fischotter

Die Rückkehr des Fischotters

„Schwer zu sagen, wie viele Fischotter heute wieder in Deutschland leben", sagt Mark Ehlers. Der 34-Jährige ist Vorstandsvorsitzender der Aktion Fischotterschutz. „Vor Jahren kursierte die Zahl von 700 Tieren. Es sind heute garantiert mehr. Aber es ist bei dieser im Verborgenen lebenden Spezies selbst für Experten unmöglich, den genauen Bestand zu ermitteln", so der studierte Förster und Landschaftsplaner. „Sicher ist aber, dass der Trend seit zehn Jahren deutlich aufwärts geht. Wir wissen, dass sich die Otter pro Jahr etwa fünf bis zehn Kilometer von den angestammten Gebieten im Osten weiter nach Westen ausbreiten."

Ehlers spricht sich dagegen aus, Tiere aus Gefangenschaft zur schnellen Bestandserholung auszuwildern: „Unsere Erfahrung zeigt, dass sich diese Tiere nicht halten. Wir können nur abwarten und die natürliche Wiederbesiedlung unterstützen." Zudem sieht Ehlers einige andere Probleme:

1. Die Angst vor Brücken

Es mag merkwürdig klingen: Der Otter traut sich nicht, unter Brücken hindurchzuschwimmen. Stößt er auf Brücken, Röhren oder andere Engpässe, steigt er aus dem Fluss und versucht, trockenen Fußes das Hindernis zu überwinden oder zu umgehen. Dabei wird er häufig überfahren. 80 Prozent der rund 200 Otter, die jährlich in Deutschland tot aufgefunden werden, wurden an solchen Barrieren Verkehrsopfer. Ein „ottergerechter Brückenbau", bei dem ein Uferstreifen unter der Brücke weitergeführt wird, könnte dies verhindern. Denn dann nutzen die Otter den Uferstreifen, um das Hindernis zu unterwandern. Auch die vorhandenen Brücken, deren Pfeiler ins Wasser hineinragen, könnten entschärft werden. Mark Ehlers: „Wenn man einfache Laufbretter unterhalb der Brücken montiert, lassen sich solche Hindernisse oft schon beiseitigen."

2. Reusen werden zur Todesfalle

Neben dem Straßenverkehr gehören Fischreusen zu den häufigsten Todesursachen beim Fischotter. Fische, die in einer Reuse gefangen sind, wähnt der Otter im Vorbeischwimmen als leichte Beute entdeckt zu haben. Er arbeitet sich in die Fanganlage unter Wasser und packt einen Fisch. Doch durch den trichterartigen Eingang gelangt er nicht wieder hinaus. Während sich ein gefangener Otter durch die früher verwendeten Hanf-Netze hindurchbeißen und entkommen konnte, gibt es aus den heutzutage verwendeten, stabilen Kunststoffreusen kein Entrinnen. Eingedrungene Fischotter ertrinken. Inzwischen haben daher Naturschützer und Fischereiwissenschaftler fischotterfreundliche Reusen entwickelt.

3. Fischotter und Mensch als Konkurrenten?

„Die alten Probleme sind natürlich auch noch da", sagt Mark Ehlers: „Der Mensch fürchtet den Fischotter immer noch als Konkurrenten. Vor allem Angler und die Fischereiwirtschaft. Das können wir nicht einfach ignorieren. Besonders in Regionen mit Fischzuchtteichen müssen wir nach adäquaten Lösungen für alle Betroffenen suchen. Es reicht nicht, immer nur mit Geld als Schadensersatz zu winken." Ein „friedliches Nebeneinander" von Fischotter und Fischerei könne durch praktische Maßnahmen gesichert werden. Dies könnten spezielle Otterzäune sein, aber auch Ablenkteiche würden ausreichen. Ehlers: „Fischotter suchen nur im Winter, wenn es für sie schwieriger ist, Beute zu machen, die Teichanlagen auf. Sie sind nicht grundsätzlich auf große Karpfen oder andere Speisefische aus." Als Abschreckung hätten sich zudem Wachhunde bewährt.

Wie wär's mit etwas Stolz?

Die Otter sind in Deutschland noch eine bedrohte Tierart. Dort, wo sie wieder zurückkehren, sind sie auch ein Hinweis auf die Güte der Naturlandschaft. Das Vorkommen des Fischotters könnte stolz machen – auch wenn man ob seiner Lebensweise im Verborgenen kaum Gelegenheit hat, den verspielten Wassermarder mit den weißen langen Barthaaren, der Stupsnase und den Knopfaugen in freier Wildbahn zu beobachten. Einmal selbst zu sehen, wie sie miteinander balgen, neugierig Männchen machen, einander nachlaufen, kühn ins Wasser eintauchen – und nur eine Perlenkette aus Luftbläschen zurücklassen.

Steckbrief Fischotter *(Lutra lutra)*

Körpermaße	Weibchen (Marderfähe): Körperlänge mit Schwanz 95–110 cm; Schulterhöhe 22–26 cm; Gewicht 5–7 kg. Männchen (Marderrüde): Körperlänge mit Schwanz 110–140 cm; Schulterhöhe 25–30 cm; Gewicht 9–12 kg.
Merkmale	Großer Marder, Fell dunkelbraun mit weißen Fellzeichen am Hals und weißen langen Schnurhaaren, runder, langer, muskulöser Schwanz.
Sinne	Stark kurzsichtig, die hohe Brechkraft der Linse ist aber ideal für die Unterwasserjagd. Zusätzlich dienen die Tasthaare an Gesicht und Vorderbeinen der Orientierung, seine Schnurrhaare sind so berührungsempfindlich, dass sie ihm selbst eine Jagd im trüben Wasser ermöglichen. Er verfügt über einen guten Geruchssinn, Nase und Ohrmuscheln sind unter Wasser verschlossen.
Nahrung	Fleischfresser, neben Fischen vor allem Amphibien, Krebse, Wassersäuger wie Schermäuse und Bisamratten, auch Wasservögel bis zur Größe von Schwanenküken.
Feinde	Wolf, Luchs, Seeadler und Uhu.
Alter	Durchschnittlich 10–13 Jahre, Höchstalter in Gefangenschaft bis 18 Jahre.
Lebensraum	In ganz Europa und Asien nördlich bis zum Polarkreis verbreitet, auch in Nordafrika. Im Gebirge bis in Höhen von 2500 m. An Gewässer gebunden, von größeren Bächen über Flüsse, Teiche und Seen. Auch in Sumpfgebieten und Meeresküsten. Geschätzter Bestand in Deutschland über 1000 Fischotter.

Raubtier mit Hundeblick

Auf Düne, der kleinen Nachbarinsel Helgolands, räkeln sich Kegel-robben am Sandstrand. Es sind über 40 Tiere, ein ziemlich bunter Haufen, der da in der Sonne döst: Manche haben ein helles, creme-farbenes Fell, das mit dunklen Tupfen gesprenkelt ist. Daneben lie-gen einige graue und braune Exemplare und schließlich nahezu schwarze Kegelrobben, deren kurzer, dichter Pelz mit hellen Flecken übersät ist. Die dunklen Burschen stechen auch aufgrund ihrer Größe hervor. Es sind Männchen, die mit über 300 Kilogramm fast doppelt so schwer werden wie die hellfarbenen Weibchen. Mit ih-rem imposanten Gewicht sind Kegelrobben auch die größten Raub-tiere an unseren heimischen Stränden. Ihre langen, kegelförmigen Schnauzen und die großen, dunklen Augen erinnern aber eher an treue Hundeseelen als an furchteinflößende Meeresraubtiere.

Treuer Blick: Kegelrobben kön-nen an Land nur schlecht sehen, nehmen kaum mehr als ein Schemen wahr.

Sie genießen das Sonnenbad, gähnen genüsslich, heben dann und wann den Vorderkörper an und geben empörte Heullaute von sich, als wollten sie sich über die Touristen beschweren, die sich ei-nen Steinwurf entfernt drängen und mit ihren Fotoapparaten jede ihrer Bewegungen festhalten. Wirklich zu beunruhigen scheint sie die Anwesenheit der Menschen aber nicht. Doch trotz ihrer dösen-den Gelassenheit blinzeln sie immer wieder unauffällig herüber und behalten argwöhnisch die Szene im Blick. So ganz scheinen sie dem Frieden mit den Zweibeinern doch nicht zu trauen.

Leichte Beute für Robbenjäger

Bei dem, was der Mensch ihnen antat, ist jede Skepsis aber auch mehr als verständlich. Einst waren Kegelrobben – wie ihre kleinen Verwandten, die Seehunde – in der ganzen Nord- und Ostsee verbreitet. Doch schon in der Steinzeit stellte der Mensch den Robben nach. Ihr Fleisch und besonders ihr Fell waren begehrt. Und die Jagd war nicht allzu schwierig. Kegelrobben bewegen sich an Land zwar längst nicht so schwerfällig wie Seehunde, bei schnellen Überraschungsangriffen waren sie aber chancenlos. Zudem erwies sich eine andere Eigenart der Kegelrobben als fataler Nachteil, die sich die menschlichen Jäger zunutze machten: Kegelrobbenmütter gebären ihre Jungen im Winter. Gehen sie ins Wasser, dann lassen sie ihre Jungen allein zurück. Die Jungtiere der Kegelrobben tragen im Gegensatz zu jungen Seehunden in den ersten Lebenswochen noch ein weißes Embryonalfell, das so genannte Lanugo. Ein wolliger warmer Pelz, der zwar vor Frost und eiskaltem Wind schützt, aber nicht imprägniert ist und daher fürs Schwimmen ungeeignet. Daher meiden junge Kegelrobben – anders als junge Seehunde, die im Sommer zur Welt kommen – das Wasser. Eigentlich kein Problem, denn an steilen Felsküsten oder auf schwimmendem Packeis abgelegt, sind die Jungtiere gut vor ihren natürlichen Feinden, den Schwertwalen geschützt. Aber eben nicht vor den Menschen.

Die Jäger brauchtes nur zu den Wurfkolonien zu gelangen und konnten die schutzlos ausgelieferten Robben mit stumpfen Keulen erschlagen. Eine Jagdmethode, die sich als praktisch erwies, da so der Pelz unbeschädigt blieb. Dem Nachwuchs beraubt, brachen die Kegelrobbenbestände ein. Im Mittelalter waren Kegelrobben bei uns in den küstennahen Regionen bereits sehr selten, im Wattenmeer seit dem 15. Jahrhundert ausgestorben. In vorgeschichtlicher Zeit waren sie noch die häufigste bei uns vorkommende Hundsrobbenart gewesen, zahlreicher als die kleineren Seehunde. Die profitierten nun vom Rückgang ihres großen Vetters, ihrem Nahrungskonkurrenten, sodass sich das Verhältnis in der Nordsee zu ihren Gunsten verschob. Von der Jagd durch den Menschen blieben aber auch sie nicht verschont.

Kegelrobbe und Mensch

Weil sie leichte Jagdbeute waren, waren die Kegelrobben stark bedroht. Gänzlich ausgerottet hatte man sie aber nicht. In der gesamten Ostsee lebten Anfang des 19. Jahrhunderts noch an die 100 000 Tiere der hiesigen Unterart, der Ostseekegelrobbe. Auch an den anderen deutschen Küstengewässern schwammen noch einige umher. Jedenfalls so viele, dass sie ins Fadenkreuz der Fischer gerieten: Die Internationale Hochseefischerei hatte sich durch technologischen

Ein bunt ge-
scheckter Hau-
fen: Die Fell-
zeichnung jeder
einzelnen Kegel-
robbe ist indivi-
duell.

Fortschritt mittlerweile stark verändert und effektive Fangmethoden mit Schleppnetzen erhöhten die Ausbeute. Sie führten aber
auch dazu, dass der Preis für Fisch verfiel. Die Ostseefischer arbeite-
ten hingegen in den seichten Küstengewässern weiter mit ihren tra-
ditionellen Fangmethoden, mit Stellnetzen und Hakenleinen, wo
sich die Robben leicht bedienen konnten und zudem immer wieder
Netze und Fangleinen zerstörten. Die äußerst schwierige Marktsitu-
ation und dann noch die „gefräßigen Tiere" vor Augen, brachten die
Fischer an den Rand der Verzweiflung. Sie glaubten den Schuldigen
an ihrer Misere in den so unschuldig dreinblickenden Robben gefunden zu haben. Sie forderten vom Staat, er solle den Kampf gegen
die Fischräuber unterstützen: „Da wir sonst unserem gänzlichen
Ruin unzweifelhaft entgegengehen würden", klagte ein Verein der
Berufsfischer. „Die Ausrottung der Seehunde würde allgemeinen
Nutzen haben und zur Aufwärtsentfaltung der Fischerei führen." Ab
1885 zahlten die preußischen Behörden den Fischern Fangprämien.
Bei der Vorlage einer Robben-Schnauze erhielt der Erleger fünf
Mark. Dabei war es belanglos, ob er nun das Gebiss einer Kegelrobbe
oder das eines in der Ostsee selteneren Seehunds ablieferte. Schäd-
ling war Schädling.

Robben unterlagen nicht dem Jagdrecht, daher war auch zur legalen Tötung kein Jagdschein vonnöten. Selbst einfache Fischer konnten sich so an der lukrativen Prämienjagd beteiligen. Durch die permanente Verfolgung waren die Kegelrobben sehr scheu geworden und flüchteten ins Wasser, sobald sie Menschen sahen. Mit der Büchse konnten sie aber auch aus größerer Distanz noch erlegt werden. Zudem wurden besonders starke Trichternetze gespannt und mit Köderfischen gespickt, in die die Robben hineinschwammen und beim Packen des Köders einen Bügel auslösten. Der Eingang klappte zu, es gab kein Entrinnen mehr und die Robbe ertrank. Eine gnadenlose Ausrottungskampagne, die schließlich in Hetzjagden mit Motorbooten gipfelte. Lediglich das Auslegen von vergifteten Fischködern lehnten die Behörden ab, die Gefahren seien zu unabwägbar.

Als Anfang des 20. Jahrhunderts speziell konstruierte Robbenfangreusen auf den Markt kamen, lehnten viele Fischereiverbände deren Anschaffung aus Kostengründen ab. Es lohnte sich nicht mehr, die Robben waren um 1914 schon äußerst selten. Im Angesicht einer verödeten Natur forderten Naturschützer den dringenden Schutz der Kegelrobben, dem in den 20er Jahren sogar kurzzeitig nachgegeben wurde. Nach dem Protest fischereinaher Verbände fiel das Abschussverbot bald darauf wieder. Es waren aber nur noch Formalitäten, für die Praxis kaum noch von Bedeutung, denn von Schleswig-Holstein über Vorpommern bis Westpreußen waren die Robbenbestände ausgelöscht. Lediglich in der Danziger Bucht wurden hin und wieder noch Einzeltiere gesichtet.

Der Fluch der chemischen Keule

An den Küsten Skandinaviens, Russlands, des Baltikums und Polens hatten die Ostseekegelrobben überlebt. In der Nordsee bildeten die Britischen Inseln ein stattliches Refugium für die Raubsäuger. Auf diese Restpopulationen schwappte ab Mitte der 60er Jahre die nächste Welle der Bedrohung zu. Die Einleitung von Schadstoffen in die Flüsse und damit in die Meere belastete den maritimen Lebensraum, die relativ kleine Ostsee war besonders betroffen. Vor allem biologisch schwer abbaubare chlorierte Kohlenwasserstoffe aus Pestiziden, Lösungs-, Kühl- und Schmiermitteln gelangten über die Fische schließlich in die Spitze der Nahrungskette, die Robben. In den Körpern der Tiere konzentrierten sich die Stoffe, viele wurden dadurch geschwächt oder starben an Vergiftungen. In den 80er Jahren sprang auf die geschundenen Robben zudem ein Staupe-Virus über, ähnlich dem von Hunden. Das angeschlagene Immunsystem bildete keine Antikörper, zehntausende Robben raffte es dahin. Doch damit nicht genug – Ende der 90er Jahre schlug die nächste Staupewelle zu.

Hoffnung und Ansiedlung?

Dabei hatte es 1964 schon erste Lichtblicke gegeben. Damals tauchten nach Jahrhunderten der Abwesenheit wieder zögerlich Kegelrobben im Wattenmeer auf, die ihren Weg von Großbritannien zu den Knobsänden westlich von Amrun gefunden hatten, wo sie ab den 80er Jahren auch Junge aufzogen. Durch Jagdverbote ließen die argwöhnisch gewordenen Tiere langsam wieder die Scheu vor dem Menschen fallen. Der Jungnamensand bei Amrun wurde zu einer regelmäßigen Wurfkolonie, auch Düne entdeckten die Kegelrobben 2001 als geeigneten Platz zur Jungenaufzucht für sich.

Die Bestände der Ostseekegelrobbe waren nach Jagd, Schadstoffeintrag und Seuchenzügen arg gebeutelt. Ende der 80er Jahre ermittelten Experten nur noch knapp 1500 Tiere für die gesamte Unterart, sodass sich die Ostseenationen auf ein Jagdverbot einigten.

Wurfkolonie/
sporadisches Vorkommen

Kegelrobbe

Lebensraum

Doch erst 1999 sprachen Experten von einer Trendwende in der Populationsentwicklung.

Anfang der 90er Jahre verirrten sich einzelne Kegelrobben auch an die deutsche Ostseeküste, Nachwuchs zogen sie aber keinen auf. Als Naturschützer planten, zur Unterstützung einer natürlichen Wiederbesiedlung einige Kegelrobben bei Rügen auszusetzen, waren viele Inselbewohner vollauf begeistert. Nicht zuletzt hatten sie die kräftigen Kegelrobben schon als touristisches Zugpferd vor Augen. Der Antrag scheiterte 2001. Die Rückkehr der Kegelrobbe passte einigen Fischern überhaupt nicht.

Das Wasser ist ihr Element. Im Meer können Kegelrobben wie ein Pfeil durchs Wasser schnellen.

Kegelrobben – wie ein Fisch im Wasser

An Land können sich Robben nur mit ihren Vorderflossen beim Vorwärtsrobben unterstützen. Im Wasser treiben sich Kegelrobben hingegen mit den Hinterbeinen an, die zu breiten Flossen umgewandelt sind und ihnen durch seitliches Hin- und Herschlagen Vorschub leisten. So erreichen sie Unterwassergeschwindigkeiten von 35 km/h. Sie können 20 Minuten lang bis zu 200 Meter tief tauchen. Kegelrobben sind so gut ans nasse Element angepasst, dass sie selbst im Meer schlafen. Eine Fettschicht im Nacken wirkt wie eine Schwimmweste und verleiht ihnen genügend Auftrieb. So stehen sie senkrecht im Wasser, mit der Nase knapp unter der Wasserlinie. Das Auftauchen, um Luft zu holen, steuert ihr Gehirn unterbewusst. Beim Beutefang spielen ihre Barthaare eine große Rolle: zum Tasten und Erspüren von Schwingungen. Wahrscheinlich nutzen sie ähnlich wie Delphine eine Echo-Orientierung, denn sie stoßen auch Klick-Laute aus und selbst blinde Robben sind erfolgreiche Fischjäger. Die Jagdgebiete der Kegelrobben können bis zu 1000 Kilometer von ihren Wurfkolonien entfernt liegen. An diesen Plätzen treffen sich die Robben ab September zur Paarung. Bullen erobern bei Brunftkämpfen einen Strandabschnitt und sammeln einen Harem. Im November kommen die ersten Jungen zur Welt. Nur knapp drei Wochen lang werden sie gesäugt. In dieser Zeit nimmt das Junge um anderthalb Kilogramm täglich zu. Denn Robbenmilch ist ein wahrer Energie-Drink mit über 50 Prozent Fettgehalt.

Steckbrief Kegelrobbe *(Halichoerus grypus)*

Körpermaße	Weibchen (Kuh): Körperlänge 1,5–1,9 m; Gewicht 130–180 kg. Männchen (Bulle): Körperlänge 2,0–2,3 m; Gewicht 220–310 kg.
Merkmale	Kräftige Robbe mit kegelförmiger Schnauze. Fellzeichnung der Weibchen hell mit dunklen Flecken, Männchen sind wesentlich größer und tragen meist ein dunkleres Fell. Stemmen den Vorderkörper höher als Seehunde und bewegen sich an Land schneller.
Sinne	Die hohe Brechkraft der Augenlinse und ein Schutzüberzug sind an das Sehen unter Wasser angepasst, an Land erkennen sie nur Schemen. Besonders die Schnurrhaare dienen der Orientierung bei der Jagd. Geruch entwickelt, Nasenlöcher aber unter Wasser verschlossen. Gehör entwickelt, aber keine äußerlich sichtbaren Ohrmuscheln.
Nahrung	Fischfresser, kleine bis mittelgroße Schwarmfische, bis zu 10 kg täglich, aber auch Tintenfische und Seevögel.
Feinde	Kaum Feinde, gebietsweise Schwertwale und Eisbären.
Alter	Männchen bis 25, Weibchen bis über 40 Jahre.
Lebensraum	Im Nordatlantik, Nordsee und Ostsee. Meist in Küstennähe. Jungen werden im Winter auf Eisschollen oder an Stränden geboren. Gesamtes Wattenmeer um 2000 Kegelrobben, auf deutschen Inseln vier Wurfkolonien mit über 100 Tieren, an der deutschen Ostseeküste weniger als 10 Tiere.

Unheimliche Begegnung mit dem König der Berge

Dunkle Gewitterwolken zogen heran. Ich erhöhte mein Tempo, um den Abstieg von der 1801 Meter hohen Benediktenwand rechtzeitig zu schaffen. Mir fielen die drei Kreuze ein, die ich am Morgen beim Aufstieg gesehen hatte. Menschen, die bei Unwettern hier am Bergrücken ums Leben gekommen waren. Ich hatte die mahnende Warnung der Kreuze in den Wind geschlagen und war trotz der unsicheren Wetterlage weitermarschiert. Wohl auch aus fehlendem Respekt vor den Bayerischen Voralpen: Gipfel unter 2000 Metern zählten doch nicht zum Hochgebirge. Eine Überheblichkeit, die mir nun heimgezahlt wurde.

Das ständige Auf und Ab über die zahllosen Felsspitzen des Bergkamms hatte meinen Energiespeicher erschöpft, vom behänden Springen von Stein zu Stein war nur noch ein schwerfälliges Vorwärtsschleichen übrig. Und jetzt entluden sich die ersten Blitze an der düsteren Nordwand, der Donnerschall fuhr mir in die Kno-

König der Berge, den der Mensch alles andere als königlich behandelte. Bis zum 19. Jahrhundert überlebten nur wenige Alpensteinböcke.

chen. Bloß runter vom Felsgrat, bevor du hier noch vom Blitz erwischt wirst, dachte ich. Damit verließ ich aber auch den markierten Pfad. Nun musste ich mir einen Weg durch einen schwer durchdringbaren Wald aus Krüppelkiefern suchen, der sich wie ein Filzteppich entlang der Nordwand zog. Schließlich ließ ich mich erschöpft und völlig durchnässt ins knorrige Gestrüpp fallen. Meine Gedanken kreisten um die Frage, ob ich mit der Flucht in diesen Kieferndschungel nun endgültig alles falsch gemacht hatte?

Und dann drehte ich mich um und blickte in die Gesichter zweier Steinböcke. Keine drei Meter trennten mich von den beiden Böcken mit den mächtigen Hörnern. Sie hatten sich bei diesem schlechten Wetter ebenfalls ins Unterholz zurückgezogen. Völlig überrascht starrten wir uns eine Zeitlang an. Was für ein Bild, wie wir drei „Herrn der Berge" pudelnass zusammen unter den Krüppelkiefern saßen.

Der Sturz des Alpenkönigs

Die Steinböcke an der Benediktenwand sind sehr zutraulich. Sie werden von der Jagd verschont, zeigen daher wenig Scheu vor dem Menschen. Vielleicht war das auch so, als der Mensch zum ersten Mal in die Berge vordrang. Oberhalb der Baumgrenze stieß er auf einen harmlosen Grasfresser. Im Grunde nichts anderes als eine Hausziege – nur eben etwas größer. Die Zutraulichkeit legte sich schnell. Bereits vor 2000 Jahren war der Steinbock als Jagdwild begehrt, denn er diente den Bergbewohnern als guter Fleischlieferant.

Aber auch die mächtigen „Waffen" der Steinböcke erregten Aufsehen. Wie geschaffen für eine Karriere als Kämpfer, so glaubten die Römer, und schafften sie in die Arenen nach Rom. Doch wesentlich verhängnisvoller für die friedliebenden Tiere war ihr Ruf als kletternde Apotheke: Wie konnte es sein, dass ein Tier ganzjährig in der kargen, kalten, lebensfeindlichen Hochgebirgsregion in über 3500 Metern überlebte und dabei wohl genährt und topfit durch die steilsten Felsen sprang, fragte sich ein Findiger und kam zu dem Schluss, das Steinböcke doch den Quell der Gesundheit in sich bergen mussten.

Ein Hirngespinst mit fatalen Folgen für das Steinwild, denn an Gebrechen mangelte es den Menschen zu dieser Zeit nicht. So waren Wundermittel vom Steinbock im Mittelalter sehr begehrt: Steinbockblut gegen Blasensteine, Steinbockmist gegen Schwindsucht und die Bezoarsteine – das sind Kugeln aus Haaren, Harzen und Steinen, die sich im Magen der Steinböcke bilden – als Heilmittel gegen Krebs. Das bedeutete das Todesurteil für tausende und abertausende von Tieren.

Friedliche Män-
nerrunde: Natür-
liche Feinde müs-
sen erwachsene
Steinböcke nicht
fürchten.

Verhängnisvolle Wilderei

Die Steinböcke können nur auf ihre Klettergewandtheit vertrauen.
Kein Feind kann ihnen folgen, wenn sie annähernd senkrecht die
Felswände rauf und runter springen, daher rührt auch die kurze
Fluchtdistanz dieser Tiere. Wer es also damals verstand, in den Steilhängen nahe genug an einen in Ruhe wiederkäuenden Steinbock
heranzuklettern, der konnte sich mit dem Gamsschaft, einem sieben Meter langen Stab mit Spitze, zum gemachten Mann stechen.
Der Produktabsatz war dann das geringste Problem. Selbst die Bi-
schöfe von Salzburg betrieben eigene „Steinbock-Apotheken", wo
die wunderlichsten Mittel vertrieben wurden. So waren Steinböcke
bereits im 13. Jahrhundert in einigen Gebirgsketten ausgerottet.
Schließlich machte die Waffentechnologie Sprünge. Als die Feuerwaffen aufkamen, waren die sicheren Zeiten für die Steinböcke endgültig vorbei. Selbst aus schwer zugänglichen Felswänden wurden
sie heruntergeschossen. Ende des 17. Jahrhunderts hatte der Kanton
Graubründen sein Wappentier ausgerottet, im 18. Jahrhunderts
lebte in den gesamten Ostalpen kein Steinwild mehr und Anfang

des 19. Jahrhunderts wurde auch in der Schweiz der letzte Steinbock geschossen.

Jagd als letzte Rettung

Dabei hatte der Adel früh seine Hand über das Steinwild gelegt – nicht nur weil die stattlichen Trophäen kapitaler Steinböcke sehr beliebt waren. Auch galt die Jagd auf den König der Alpen noch als eine echte Herausforderung. Da die Bestände aber zusehends kleiner wurden, verboten die Fürsten dem einfachen Mann die Jagd, Wildfrevlern drohten sie drakonische Strafen an, ließen sie in Ketten legen oder zu Galeerendienst verurteilen. Und um die Bestände wiederzubeleben, unternahmen sie in Österreich bereits Anfang des 17. Jahrhunderts erste Ansiedlungsversuche. Auch die Schweizer Eidgenossen griffen früh zu Schutzmaßnahmen: Im 17. Jahrhundert verboten sie den Abschuss von Steinböcken zunächst bei hohen Geldstrafen. Als das nicht wirkte, drohten sie den Wilderern mit dem Tod. Aber Männer, die jeden Winkel in den Felsklüften kannten und dem Steinwild selbst bis in die schwindelnden Hochgebirgsregionen folgen konnten, ließen sich von Drohungen nicht schrecken. Zudem verehrte die Bevölkerung die Wilderer als Helden, zeigten sie doch der Obrigkeit erfolgreich die Stirn.

Der König von Savoyen, Viktor Emanuel II., stellte es geschickter an: Auch er war passionierter Jäger und hatte die Gefahr der Ausrottung erkannt, die dem Steinwild drohte. 1850 erwarb er ein Jagdrevier im Aostatal und ließ dort im Gebirge Hütten bauen. Er legte ein Netz an Reitwegen an, um das Gebiet systematisch kontrollieren zu können. Und er stellte die notorischsten Wilderer der Region ein und machte sie zu gut bezahlten Wildhütern: Während überall in den Alpen die letzten Steinböcke verschwanden, überlebten so ein paar Dutzend Tiere am Gran Paradiso.

Rückkehr dank Wilderer

Die Zahl der Steinböcke wuchs in Norditalien bis Ende des 19. Jahrhunderts wieder auf einige tausend Tiere an. Auch die Alpennachbarn versuchten verzweifelt, einen Steinwildbestand aufzubauen. Die Zucht von Wildtieren in Zoos und Gehegen, die heute für die meisten Tierarten kein Problem mehr ist, gelang damals aber noch nicht. Mangels reinrassiger Steinböcke experimentierte man in der Schweiz daher mit Kreuzungen zwischen Hausziegen und Steinböcken. Dass mit ihren Mischlingen allerdings nicht die gewünschten Ergebnisse zu erzielen war, führten die Ziegen-Steinbock-Mischlinge, die im Berner Stadtgraben lebten, eindrücklich vor Augen. Anders als ihre wilden Verwandten, waren sie enorm angriffslustig. Die Aufseher notierten beinahe täglich „rüpelhafte Attacken der Ziegensteinböcke."

Die Schweiz hatte mittlerweile die Wiederansiedlung von Steinböcken zur nationalen Angelegenheit erklärt. 1902 wurde eine Kommission zur „Gründung einer Kolonie echten Steinwilds" berufen. Statt weiterer Experimente einigte man sich darauf, reinblütige Tiere im Nachbarland Italien einzukaufen. Einfacher gesagt als getan, denn auf die offiziellen Anfragen der Schweizer Bundesräte reagierten die Italiener stur. Sie hüteten eifersüchtig ihre gehörnten Kostbarkeiten. Erst mit Giuseppe Bérard kam wieder Bewegung in die festgefahrenen Verhandlungen. Bérard, von Beruf Wilderer, besorgte 1906 drei Steinbock-Kitze und übergab sie den Tiergärtnern von Sankt Gallen. Die schafften es, diese erfolgreich aufzuziehen und auszusetzen. Es folgten noch insgesamt 50 weitere Kitze, allesamt aus dem Aostatal stibitzt. Bis in die 30er Jahre boomte in den ganzen Alpen ein regelrechter Steinbock-Schwarzhandel.

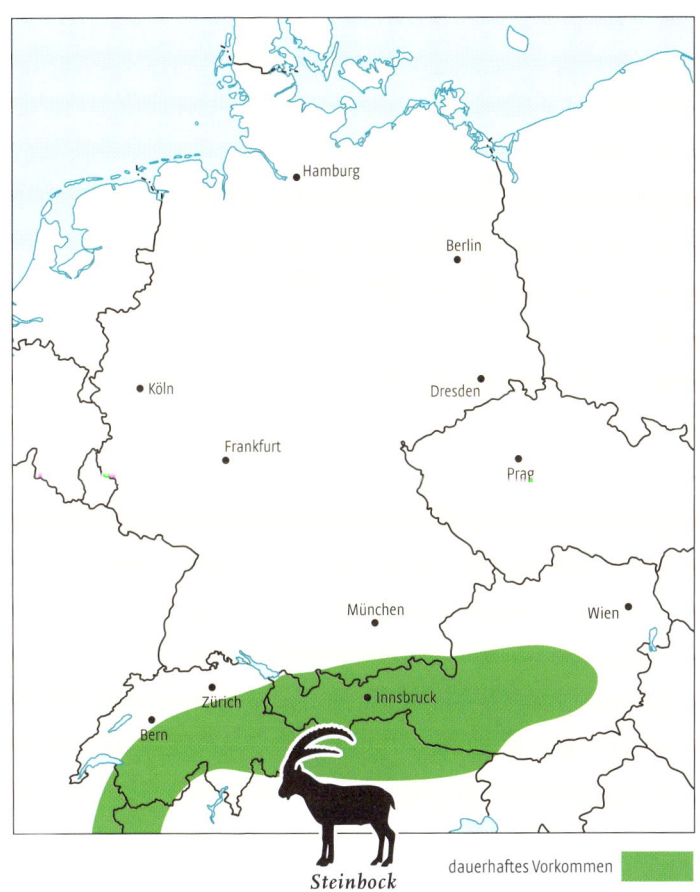

Steinbock   dauerhaftes Vorkommen

Steinböcke in Bayern?

In Deutschland wollte man nicht außen vor bleiben und setzte in den 20er Jahren und nochmal in den 40er Jahren Steinböcke bei Berchtesgaden aus. Dabei sind die Nordalpen für Steinwild klimatisch eher ungünstig und historisch waren sie schon lange aus der Region verschwunden. Durch den atlantischen Einfluss fällt dort für den Geschmack von Steinböcken zu viel Schnee. Was auf den ersten Blick verwunderte, leben sie in den Zentralalpen doch in weit höheren Regionen von über 3500 Metern und bleiben – anders als etwa Gämsen – selbst im Winter oberhalb der Waldgrenze. Doch weichen sie dort auf die sonnigen Südhänge aus und der Wind verfegt in den Hochlagen zudem den Schnee, sodass die Steinböcke an Flechten und magere Grasreste gelangen. Eine karge Nahrung, dafür sind sie in der Höhe aber vor Lawinen sicher. Trotz ständigem Auf und Ab konnte sich die Kolonie in Berchtesgaden aber halten. Und 1959 entdeckte man einen Steinbock an der Benediktenwand. Ein einzelnes Tier, das vermutlich eingewandert war. 1967 flog man für ihn aus St. Gallen Geißen zur Gesellschaft ein und sie begründeten den Bestand von heute 70 Steinböcken. Insgesamt leben in Deutschland in drei Kolonien etwa 200 Stück Steinwild.

Erfolgreichstes Wiederansiedlungsprojekt

In Gran Paradiso überlebten vor 150 Jahren die letzten 50 Steinböcke. Sie sind die Vorfahren der 30 000 Steinböcke, die heute wieder im gesamten Alpenraum verbreitet sind. Ein Wiederansiedlungsprojekt, das mit den illegalen und husarenhaften Fangaktionen des Giuseppe Bérard begann: Er und seine Mitstreiter mussten tagelang bei eisigem Wetter gut versteckt in den steilen Hängen des Aostatals ausharren. Immer auf der Hut vor den Wildhütern, warteten sie auf den günstigen Moment, wenn sich die Geißen mit den nur wenige Tage alten Kitzen unbeobachtet fühlten und aus den Steilhängen in flacheres Terrain wagten. Dann spurteten sie los und warfen den Jungtieren Säcke über. In Rucksäcken transportierten sie ihre brisante Ladung über die Pässe bis in die Schweiz. Bei den heutigen Fangaktionen werden die Tiere mit Pfeilen betäubt, mit Sendern versehen und von einem Tal ins nächste geflogen. Von alleine hätten sich die Steinböcke in dieser Zeit nicht so weit ausgebreitet. Damit ist die Rückkehr der Könige der Berge zugleich die Geschichte der erfolgreichsten Wiederansiedlung einer Tierart überhaupt.

Kletter-König

Tiervater Alfred Brehm schrieb fasziniert über den Alpensteinbock: „Er setzt mit unglaublicher, geradezu unverständlicher Sicherheit die Wände hinauf. Beim Springen scheint er den Körper wie einen Ball in die Höhe zu schnellen und die Felsen kaum zu berühren. Spielend schwingt er sich von einer Klippe zur anderen und ohne Besinnen setzt er herab in unbestimmte Tiefe."

Perfekt angepasste Kletterausrüstung

Allein schon vom Zugucken wird einem schwindelig. Steinböcke balancieren entlang schwindelnder Abstürze und klettern durch 80 Grad steile Felswände, mal seelenruhig und dann wieder mit weiten schnellen Sätzen. Dabei besitzen sie nicht etwa wie Extrembergsteiger Gliedmaßen, mit denen sie sich in den Fels krallen könnten, sondern werden nur von vier klobig wirkenden Hufen gehalten. Doch die sind genial gestaltet: Die beiden Hälften der Innenflächen sind weich wie Gummi und können sich erheblich gegeneinander verschieben, sodass sie sich dem Untergrund anpassen und auf dem Fels Halt geben. Dennoch geschieht es immer wieder, dass ein Tier wegrutscht. Auch dann ist es nicht verloren, da die Hufränder überaus hart und in der Lage sind, an kleinsten Unebenheiten am Fels noch Halt zu finden.

Steckbrief Steinbock (*Capra ibex*)

Körpermaße	Weibchen (Geiß): Körperlänge 110–130 cm; Schulterhöhe 70–80 cm; Gewicht 40–50 kg. Männchen (Bock): Körperlänge 150–170 cm; Schulterhöhe 85–100 cm; Gewicht 70–120 kg.
Merkmale	Kräftiger als Hausziegen, fahlgrau bis braun. Beide Geschlechter tragen Hörner, die der Männchen werden bis zu 100 cm lang und über 6 kg schwer. Die mächtigen Waffen dienen zu Rangkämpfen, Paarungskämpfe verlaufen eher ritualisiert ab.
Sinne	Gut ausgebildete Gehör-, Seh- und Geruchsorgane.
Nahrung	Anspruchslos, alle Hochgebirgspflanzen von Flechten, Gräsern bis zu Gehölztrieben.
Feinde	Steinadler und Kolkraben können maximal Jungtiere erbeuten. Potenzielle Feinde wie Bär, Wolf, Luchs leben in tieferen Lagen. Mortalität hauptsächlich bedingt durch Krankheiten, Nahrungsknappheit sowie Lawinen, Steinschlag und Abstürze.
Alter	12–15 Jahre.
Lebensraum	Gesamter Alpenraum in 1600 m bis 3500 m Höhe, selten unterhalb der Baumgrenze anzutreffen.
Besonderheiten	Kitze bilden Kindergärten, die von Steingeißen bewacht werden. Erboste Steinböcke blasen laut aus der Nase.

Literatur

Stirling I.; Bären; Orbis Verlag (2002)

Domico T.; Die Bären der Welt; Bechtermünz Verlag (1995)

Freund W.; Mein Leben mit Bären; Rüschlikon Verlag (1994)

Höh R.; Sicherheit in Bärengebieten; Reise Know-How (2003)

WWF; Hintergrundinformation zu *Ursus Arctos*; WWF Broschüre (2006)

Bednarek W.; Greifvögel; Landbuch-Verlag (1996)

Thiede W.; Greifvögel und Eulen; BLV Verlag (2005)

Hansen G., Hauff P., Spillner W.; Seeadler gestern und heute; Verlag Erich Hoyer (1999)

Bezzel E.; Greifvögel; BLV Verlag (1994)

Hofrichter R.; Die Rückkehr der Wildtiere; Leopold Stocker Verlag (2005)

Wild & Hund; Heft-Ausgabe 13/15 (2006)

Freund W.; Wolf unter Wölfen; Augustus Verlag (1999)

Okarma H., Langwald D.; Der Wolf – Ökologie, Verhalten, Schutz; Parey Buchverlag (2002)

Hofrichter R., Berger E.; Der Luchs – Rückkehr auf leisen Pfoten; Leopold Stocker Verlag (2004)

Grabe H., Worel G., (Hrsg.); Die Wildkatze – Zurück auf leisen Pfoten; Buch und Kunstverlag Oberpfalz (2001)

Petersen B., Ellwanger G., Bless R., Boye P., Schröder E., Sysmank A.; Das europäische Schutzgebietssystem Natura 2000 – Ökologie und Verbreitung von Arten der FFH Richtlinie in Deutschland – Band 2 Wirbeltiere; Bundesamt für Naturschutz (2004)

Nigge K., Schulze Hagen. K.; Die Rückkehr des Königs – Wisente im polnischen Urwald; Tecklenborg Verlag (2004)

Von Auer H., Tschirpke L. (Hrsg); Unter Wisenten im Urwaldrevier; Landbuch Verlag (1998)

Lindner U.; Die Rückkehr des Königs – Wisente im Rothaargebirge; Taurus Naturentwicklung e.V, (2006)

Bunzel-Drüke M., Drüke J., Vierhaus H; Quaternary Park – Überlegungen zu Wald, Mensch und Megafauna; ABU-info 17/18 (1994)

Niethammer J., Krapp F. (Hrsg.); Handbuch der Säugetiere Europas. Bd. 2/II, Wiesbaden (1986)

Mewes W., Nowald M., Hartwig P.; Kraniche – Mythen, Forschung, Fakten; Braun G. Buchverlag (1999)

Rutschke E.; Der Kormoran – Biologie, Ökologie, Schadabwehr; Parey Buchverlag (1997)

Thiede W.; Wasservögel und Strandvögel; BLV Naturführer (1993)

Epple W.; Rabenvögel; Braun G. Buchverlag (1997)

Glandt D.; Der Kolkrabe – Der schwarze Geselle kehrt zurück; Aula Verlag (2003)

Natuschke G.; Heimische Fledermäuse; Westarp Wissenschaften Magdeburg (1995)

Gebhard J.; Fledermäuse; Birkhäuser Verlag (1997)

Siemers B., Nill D.; Fledermäuse – Das Praxisbuch; BLV Verlag (2000)

Stoeppel B.; Expedition ins Tierreich – Wölfe in Deutschland; Hoffmann und Campe Verlag (2004)

Hachfeld B.; Der Kranich; Schlütersche Verlagsanstalt (1989)

Wandrey R.; Die Wale und Robben der Welt; Frankh Kosmos Verlag (1997)

Heinzel., Fitter R., Parslow J.; Alle Vögel Europas, Nordafrikas und des Mittleren Ostens, Pareys Vogelbuch 7. Auflage; Parey Buchverlag (1996)

Schwarz J., Harder K., von Nordheim H., Dinter W.; Wiederansiedlung der Ostseekegelrobbe an der deutschen Ostseeküste – Angewandte Landschaftsökologie Heft 54; Bundesamt für Naturschutz (2003)

Recherche-Archiv: Axel Springer Verlag Infopool www.asv-infopool.de

Serviceteil

Adressen rund um den Naturschutz:

www.wwf.de World Wide Fund For Nature (WWF),
   Sektion Deutschland, Rebstöcker Str. 55, 60326 Frankfurt

www.kraniche.de Kranichschutz Deutschland GmbH,

Kranich-Informationszentrum, Lindenstraße 27,
   18445 Groß Mohrdorf

www.nabu.de Naturschutzbund Deutschland e. V. (NABU),
   Herbert-Rabius-Straße 26, 53225 Bonn

www.bund.net Bund für Umwelt und Naturschutz (BUND) e. V.,
   Am Köllnischen Park 1, 10179 Berlin

www.deutschewildtierstiftung.de Deutsche Wildtier Stiftung e. V.
   (DeWist) Billbrookdeich 210, 22113 Hamburg

www.otterzentrum.de Aktion Fischotterschutz e. V., Otter Zentrum, 29386 Hankensbüttel

www.egeeulen.de Gesellschaft zur Erhaltung der Eulen e. V. (EGE),
   Postfach 11 46, 52394 Heimbach

www.birdnet.de Deutsche Internetseite für Vogelinteressierte

www.agw-bw.de Arbeitsgemeinschaft Wanderfalkenschutz (AGW)
   Eichendorffweg 1, 69412 Eberbach a. Neckar

www.wisentgehege-usedom.de Wisentgehege Insel Usedom
   Regionalgruppe Insel Usedom, Dirk Weichbrodt NABU,
   17419 Prätenow

www.jagd-online.de Deutscher Jagdschutz-Verband (DJV),
   Johannes-Henry-Str. 26, 53113 Bonn

www.oejv.de Ökologischer Jagdverband e. V. (ÖJV) Imbergweg 2,
   88289 Waldburg

www.izw-berlin.de Leibniz-Institut für Zoo- und Wildtierforschung
   (IZW), im Forschungsverbund Berlin e.V, 10252 Berlin

www.eurobats.org Europäisches Fledermaus-Sekretariat

www.wisente-rothaargebirge.de Wisentprojekt im
   Rothaargebirge

www.bfn.de Bundesamt für Naturschutz, Konstantinstr. 110,
   53179 Bonn

www.zgf.de Zoologische Gesellschaft Frankfurt von 1858 e. V.
Alfred-Brehm-Platz 16, 60316 Frankfurt

www.sdw.de Schutzgemeinschaft Deutscher Wald e. V.
Meckenheimer Allee 79 53115 Bonn

www.dnr.de Deutscher Naturschutzring – Dachverband der
deutschen Natur- und Umweltschutzverbände (DNR) e. V.
Am Michaelshof 8-10, 53177 Bonn

www.naturbeobachtung.de Deutscher Jugendbund für
Naturbeobachtung, Geiststr. 2, 37073 Göttingen

www.sielmann-stiftung.de Heinz Sielmann Stiftung,
Gut Herbigshagen, 37115 Duderstadt

www.sdwi.de Schutzgemeinschaft Deutsches Wild
Geschäftsstelle – Box 120371, 53045 Bonn

www.wolfsregion-lausitz.de Zweckverband „Naturschutzregion
Neiße", Am Braunsteich, 02943 Weißwasser

www.seehundstation-friedrichskoog.de Seehundstation
Friedrichskoog e. V., An der Seeschleuse 4,
25718 Friedrichskoog

Fahr doch mal hin ...

Haben Sie Lust, selbst einmal die im Text beschriebenen Natur-
schutzzentren zu besuchen? Hier finden sich die wichtigsten Adres-
sen sowie Öffnungszeiten und Ansprechpartner. Erleben Sie unsere
faszinierenden Wildtiere hautnah!

Im **OTTER-ZENTRUM** leben auf einem 60 000 m² großen Freige-
lände Otter in originell gestalteten Gehegen, die den natürlichen
Lebensräumen der Tiere nachempfunden sind. Daneben sind
auch Dachse, Hermeline, Steinmarder, Iltisse und Baummarder
sowie Otterhunde, eine vom Aussterben bedrohte Hunderasse, zu
sehen.

Otterzentrum; 29386 Hankensbüttel;
Tel.: +49 (0) 5832/98 080;
E-Mail: AFS@OTTERZENTRUM.de; www.otterzentrum.de
Februar bis Dezember geöffnet.

NOCTALIS, das Fledermauszentrum in Bad Segeberg. Auf vier Etagen mit 560 m² können Besucher hier Fledermäuse hautnah im so genannten Noctarium beobachten und erfahren interessantes über das Leben der nachtaktiven Tiere. Außerdem lohnt sich ein Besuch in die nahe gelegene Kalkberghöhle in Bad Segeberg.

Noctalis – Welt der Fledermäuse
Oberbergstraße 27; 23795 Bad Segeberg;
Tel.: +49 (0) 4551/80 82 0;
E-Mail: info@noctalis.de; www.noctalis.de
Ganzjährig geöffnet.

Vom **KRANICHZENTRUM** aus – mit seiner kleinen Ausstellung verschiedener Großvögel sowie Diashows und Videos – zu den besten Kranichrastplätzen. Ein Mitarbeiterteam berät Sie über die jeweils günstigsten Beobachtungsplätze in der näheren Umgebung.

Kranich-Informationszentrum; 18445 Groß Mohrdorf;
Lindenstraße 27; Tel.: +49 (0) 38323/80 54 0;
E-Mail: gruidae@aol.com; www.kranich.de
Februar bis Dezember geöffnet, Eintritt frei

GROSSTRAPPEN beobachten. Ausgangspunkt am Infozentrum der Staatlichen Vogelschutzwarte in Buckow/Brandenburg, die auch eine kleine Ausstellung beherbergt. Info-Materialien sowie aktuelle Auskünfte zu den Beobachtungstürmen und zum Stand des Schutzprojektes geben Mitarbeiter des Fördervereins Großtrappenschutz e. V.

GROSSTRAPPENSCHUTZ; Dorfstr. 34;
14715 Buckow bei Nennhausen; Tel: +49 (0) 33878/60 257;
E-Mail: info@grosstrappe.de; www.grosstrappe.de
Öffnungszeiten per Anfrage

Ausgeprägte Natur-Wandertouren mit Höhepunkt, dem Ausblick vom **KÄFLINGSBERGTURM** mitten im 322 km² großen Müritz Nationalpark.

Nationalpark-Service Müritz;
Ansprechpartner im Informationshaus: Axel Schultz;
17192 Federow; Tel.: +49 (0) 3991/66 88 49;
E-Mail: info@nationalpark-service.de;
www.nationalpark-service.de

Auf Wolfsspurenexkursion in der **WOLFSREGION LAUSITZ** in die Neustädter Heide und in die Muskauer Heide. Ausgang ist das Kontaktbüro in der Erlichhofsiedlung in Rietschen, mit kleiner Ausstellung, Vorträgen und Führungen auf Anfrage.

Kontaktbüro „Wolfsregion Lausitz";
Am Erlichthof 16; 02906 Rietschen; Tel.: +49 (0) 35772/4676 2;
Ansprechpartner im Kontaktbüro: Jana Schellenberg;
E-Mail: kontaktbuero@wolfsregion-lausitz.de;
www.wolfsregion-lausitz.de

STEINBOCKREVIER an der Benediktenwand. Wandertouren von Benediktbeuern oder von Lenggries aus über den Brauneck zur 1801 Meter hohen Gipfelspitze.

Gemeindeverwaltung; Prälatenstr. 7; 83671 Benediktbeuern;
Tel: +49 (0) 8857/69 13 0; E-Mail: info@benediktbeuern.de;
www.benediktbeuern.de

Register

Danksagung

Bei diesem Buch standen mir mit Rat und Tat, mit scharfen Augen und spitzem Rotstift und nicht zuletzt mit den so wichtigen, aufmunternden Worten Menschen beiseite, denen ich besonders danken möchte: Christoph Heup, Ramona Hammes, Esther Urbant, Ulrich Klinkhammer, Stefan Klein und Ragna Williams.

Bildnachweis

51 Abbildungen, davon alle Bilder von Frank Hecker bis auf folgende:
G. Bethge/Hecker S. 83, 111, 113; W. Buchhorn/Hecker S. 79, 108, 115, 116; A. Limbrunner S. 77, 89, 96, 100; E. Mestel/Hecker S. 14, 86, 87, 90, 103, 105, 123; H. Reinhard S. 40, 42, 44, 74, 121, 139, 141; F. Sauer/Hecker S. 66, 93, 94.
13 Verbreitungskarten von Wolfgang Lang.

Umschlaggestaltung von eStudio Calamar, unter Verwendung eines Fotos (Braunbär *Ursus arctos*) von Eckart Pott.

Bibliografische Information der Deutschen Nationalbibliothek
Die Deutsche Nationalbibliothek verzeichnet diese Publikation in der Deutschen Nationalbibliografie; detaillierte bibliografische Daten sind im Internet über http://dnb.ddb.de abrufbar.

Unser gesamtes lieferbares Programm und viele weitere Informationen zu unseren Büchern, Spielen, Experimentierkästen, DVDs, Autoren und Aktivitäten finden Sie unter **www.kosmos.de**

Gedruckt auf chlorfrei gebleichtem Papier

© 2007, Franck-Kosmos Verlags-GmbH & Co. KG, Stuttgart
Alle Rechte vorbehalten
ISBN 978-3-440-11003-4
Redaktion: Teresa Baethmann
Produktion: Siegfried Fischer/Markus Schärtlein
Grundlayout: eStudio Calamar
Printed in the Czech Republic / Imprimé en Tchéque République

Machen Sie den

Holen Sie sich jetzt die nächsten 2 Ausgaben von natur+kosmos als kostenlose Leseprobe und sehen Sie die Welt ab sofort mit ganz anderen Augen!

natur+kosmos bietet Ihnen jeden Monat tiefgehende Einblicke in die globalen Zusammenhänge zwischen Mensch, Natur und Technik.

natur+kosmos zeigt Ihnen mit spannenden Wissensgeschichten und Reportagen aus aller Welt neue und faszinierende Seiten der Tier- und Pflanzenwelt, der unterschiedlichsten Landschaften und Kulturen – im Wechsel mit atemberaubenden Bildstrecken und informativen wie kompetenten Berichten.

natur+kosmos stellt Ihnen in jeder Ausgabe das „Projekt Zukunft" vor: Rund um den Globus sucht die Redaktion Projekte aus, die ökologische, ökonomische und soziale Kriterien gleichermaßen erfüllen, denn nur so ist Zukunftssicherung möglich. Diese Projekte machen Mut und veranschaulichen, wie positive Globalisierung aussieht.

natur+kosmos – nachhaltig faszinierend

- inspirierende Visionen • atemberaubende Fotostrecken
- fesselnde Reportagen • fundierte Hintergrundinformationen
- brisante Berichte und Kommentare

Dazu präsentiert **natur+kosmos** regelmäßig Menschen, die ihrer Zeit voraus sind und neue Ideen umsetzen – in Porträts, Essays und Interviews.

 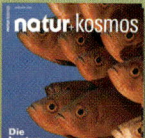    

der Natur

Volker Dierschke
**Welcher Vogel
ist das?**
978-3-440-10796-6

Michael Vogel
Welcher Stern ist das?
978-3-440-10889-5

Wolfgang Hensel
Welche Heilpflanze ist das?
978-3-440-10798-0

- Die neuen Kosmos-Naturführer – kompakt,
  übersichtlich und umfangreich

- Sicher bestimmen mit Foto und Zeichnung

- Ideale Begleiter für die Jackentasche –
  handlich, praktisch, kompetent

KOSMOS

www.kosmos.de

Naturführer –
natürlich von Kosmos

Hecker/Hecker
Kosmos-Naturführer für unterwegs
352 Seiten, 750 Abbildungen
€ 5,95; €/A 6,20; sFr 11,–
ISBN 978-3-440-10578-8

■ Porträts der 550 wichtigsten und
  bekanntesten Tiere und Pflanzen
  mit 750 brillanten Farbfotos

■ Der handliche und praktische
  Begleiter für jeden Naturfreund

Stichmann u. a.
**Der große Kosmos-Naturführer
Tiere und Pflanzen**
896 Seiten, über 2.800 Abbildungen
€ 14,50; €/A 15,–; sFr 25,70
ISBN 978-3-440-10256-5

■ Imposante Tier- und Pflanzen-
  fülle: über 1.900 Arten Mitteleuropas, mehr als 2.800 Farbfotos

■ Die Vielfalt der Natur für zu
  Hause: gezielte Informationen
  zu Kennzeichen, Vorkommen und
  Wissenswertem

www.kosmos.de   Preisänderungen vorbehalten

KOSMOS